人工智能应用丛书

全国高等院校人工智能系列“十三五”规划教材

智能农业

——智能时代的农业生产方式变革

ZHINENG NONGYE—ZHINENG SHIDAI DE NONGYE SHENGCHAN FANGSHI BIANGE

谢能付　曾庆田　马炳先
冯建中　姜丽华　郭雷风　编著

中国铁道出版社有限公司
CHINA RAILWAY PUBLISHING HOUSE CO., LTD.

内 容 简 介

本书以智能农业生产方式系统建设为目标，阐述了智能农业生产的基本概念与理论、支撑技术体系和典型应用三方面内容，使读者对农业生产方式的变革、对农业智能建立起较为清晰的理解和认识，并结合支撑技术、应用需求对农业专家系统、农业机器人和智能信息服务平台进行分析。

本书适合作为农业院校人工智能课程的教材，也可作为农业智能开发与研究人员以及对智能农业领域感兴趣读者的参考用书。

图书在版编目(CIP)数据

智能农业:智能时代的农业生产方式变革/谢能付，曾庆田，马炳先编著．—北京:中国铁道出版社有限公司，2020.6（2024.1 重印）
（人工智能应用丛书）
ISBN 978-7-113-26874-9

Ⅰ.①智… Ⅱ.①谢… ②曾… ③马… Ⅲ.①智能技术-应用-农业技术-高等职业教育-教材 Ⅳ.①S-39

中国版本图书馆 CIP 数据核字（2020）第 078388 号

书　　名： 智能农业——智能时代的农业生产方式变革
作　　者： 谢能付　曾庆田　马炳先　冯建中　姜丽华　郭雷风

策　　划： 周海燕　　**编辑部电话：**（010）51873202
责任编辑： 周海燕　冯彩茹
封面设计： 穆　丽
责任校对： 张玉华
责任印制： 樊启鹏

出版发行： 中国铁道出版社有限公司（100054，北京市西城区右安门西街 8 号）
网　　址： http://www.tdpress.com/51eds/
印　　刷： 三河市国英印务有限公司
版　　次： 2020 年 6 月第 1 版　　2024 年 1 月第 3 次印刷
开　　本： 787 mm×1 092 mm 1/16　**印张：** 11　**字数：** 216 千
书　　号： ISBN 978-7-113-26874-9
定　　价： 45.00 元

编委会

序言 1

自 2016 年 AlphaGo 问世以来，全球掀起了人工智能的高潮，人工智能学科也进入第三次发展时期。由于它的技术先进性与应用性，人工智能在我国也迅速发展，党和政府高度重视，2017 年 10 月 24 日习近平总书记在中国共产党第十九次全国代表大会报告中明确提出要发展人工智能产业与应用。此后，多次对发展人工智能做出重要指示。人工智能已列入我国战略性发展学科中，并在众多学科发展中起到“头雁”的作用。

人工智能作为科技领域最具代表性的应用技术，在我国已取得了重大的进展，在人脸识别、自动驾驶汽车、机器翻译、智能机器人、智能客服等多个应用领域取得突破性进展，这标志着新的人工智能时代已经来临。

由于人工智能应用是人工智能生存与发展的根本，习近平总书记指出，人工智能必须“以产业应用为目标”，其方法是“要促进人工智能和实体经济深度融合”及“跨界融合”等。这说明应用在人工智能发展中的重要性。

为了响应党和政府的号召，发展新兴产业，同时满足读者对人工智能及其应用的认识需要，中国铁道出版社有限公司组织并推出以介绍人工智能应用为主的“人工智能应用丛书”。本丛书以应用为驱动，应用带动理论，反映最新发展趋势作为主要编写方针。本丛书大胆创新、力求务实，在内容编排上努力将理论与实践相结合，尽可能反映人工智能领域的最新发展；在内容表达上力求由浅入深、通俗易懂；在内容和形式体例上力求科学、合理、严密和完整，具有较强的系统性和实用性。

“人工智能应用丛书”自 2017 年开始问世至今已两年有余，已编辑出版或即将出版 12 本著作。

丛书自出版以来受到广大读者的欢迎，为满足读者的要求，丛书编委会在 2019 年组织了两次大型活动：2019 年 1 月在上海召开了丛书发布会与人工智能应用技术研讨会，同年 8 月在北京举办了人工智能应用技术宣讲与培训班。

2019 年是关键性的一年，随着人工智能研究、产业与应用的迅速发展，人工智能人才培养已迫在眉睫，一批新的人工智能专业已经上马，教育部已于 2018 年批准 35 所高校开设人工智能专业，同时有 78 个与人工智能应用相关的智能机器人专业，以及 128 个智能医学、智能交通等跨界融合型应用专业也相继招生。2019 年教育部又批准 178 个人工智能专业，同时还批准了多个人工智能应用相关专业，如智能制造专业、智能芯片技术专业等。人工智能及相关应用人才的培养在教育领域已掀起高潮。

面对这种形势，在设立专业的同时，迫切需要继续深入探讨相关的课程设置，教材编写也成当务之急，因此中国铁道出版社有限公司在原有应用丛书的基础上，又策划组织了“全国高等院校人工智能系列‘十三五’规划教材”，以编写人工智能应用型专业教材为主。

这两套丛书均以“人工智能应用”为目标，采用两块牌子一个班子方式，建立统一的“丛书编委会”，即两套丛书一个编委会。

这两套丛书适合人工智能产品开发和应用人员阅读，也可作为高等院校计算机专业、人工智能等相关专业的课程教材及教学参考材料，还可供对人工智能领域感兴趣的读者阅读。

丛书在出版过程中得到了人工智能领域、计算机领域以及其他多个领域相关专家的支持和指导，同时也得到了广大读者的支持，在此一并致谢。

人工智能是一个日新月异、不断发展的领域，许多理论与应用问题尚在探索和研究之中，观点的不同、体系的差异在所难免，如有不当之处，恳请专家及读者批评指正。

“人工智能应用丛书”编委会
“全国高等院校人工智能系列‘十三五’规划教材”编委会
2020 年 1 月

序言 2

现代农业面临着资源紧缺与资源消耗过大的双重挑战，到 2030 年，全球人口预计将突破 85 亿，解决全球粮食的供给，已成为国际社会面临的一大挑战。人类在索取食物的过程中，对环境造成了巨大压力，迫切需要一场人工智能的革命，实现智能农业生产。日本农业、美国农业、德国农业、荷兰农业、以色列农业、法国农业等，以机器人、大数据、人工智能、物联网等技术相融合的农业生产模式，开启了智能农业生产时代，提高了农产品的产量和品质，成为世界先进农业的领先者。

世界范围内，农业物联网方面的研究方兴未艾，也取得了较多的技术积累。但与欧美等发达国家相比，我国的农业物联网发展还处在起步阶段，尤其体现在农业领域深度应用方面。我国高度重视发展智能农业，农业部《“十三五”全国农业农村信息化发展规划》指出，国家物联网应用示范工程——智能农业项目和农业物联网区域试验工程深入实施，在全国范围内总结推广了 426 项节本增效农业物联网软硬件产品、技术和模式。2016 年 3 月，《中华人民共和国国民经济和社会发展第十三个五年规划纲要》为农业物联网应用、农业大数据应用以及智能农业发展提出了目标；2017 年 7 月，《国家信息化发展战略纲要》明确提出要加强农业与信息技术融合，大力发展智能农业。《全国农业现代化规划（2016—2020 年）》再次强调要推进农业转型升级，提高技术装备和信息化水平，加快建设智能农业。发展智能农业是实现现代农业的必由之路。2019 年 5 月，中共中央办公厅、国务院办公厅印发了《数字乡村发展战略纲要》，并发出通知，要求各地区各部门结合实际认真贯彻落实。纲要要求将数字乡村作为数字中国建设的重要方面，推进农业数字化转型。加快推广云计算、大数据、物联网、人工智能在农业生产经营管理中的运用，促进新一代信息技术与种植业、种业、畜牧业、渔业、农产品加工业全面深度融合应用，打造科技农业、智慧农业、品牌农业，建设智慧农（牧）场，推广精准化农（牧）业作业。

在 2019 年 9 月 6 日举办的中国—阿拉伯国家博览会上，中国主推智能农业等多个领域的 10 项重要技术成果，中阿之间共签约项目 362 个，签约项目触及现代农业等多个领域，说明我国经过多年的努力，智能农业已取得了丰硕的成果。

《智能农业——智能时代的农业生产方式变革》系统介绍了智能农业生产的基本概念和发展历程，结合智能农业生产系统建设详细介绍了支撑技术，最后结合农业支撑技术和农业领域深入剖析了智能农业生产应用，并给出展望，对深入智能农业生产系统建设具有重要的意义。

2020 年 1 月

前　言

计算机与网络技术、物联网技术、自动化技术、人工智能技术等先进技术的发展不断推动着农业生产方式的变革。以数字化为基础的智能农业生产模式应运而生，使得智慧农业更加智慧，精准农业更加精准，催生了以信息和知识为代表的新一代生产力，促进人工智能在现代农业生产中快速发展。

本书围绕智能农业生产方式变革，阐述了农业智能生产的基本概念与理论、支撑技术、典型应用方式和未来趋势。全书共分四部分，其中：

(1)智能农业的基本概念与理论部分，包括第1章和第2章。第1章介绍了智能农业生产系统和智能农业生产系统的基本概念，并对国内外发展历史与现状、技术应用进行了阐述；第2章从人工智能的角度总结了数据、信息和知识等内容以及智能生产所依赖的感知、计算、处理和分析决策等技术基础。

(2)结合智能农业生产系统的实现，重点阐述了相关的技术支撑理论，包括第3章至第8章。第3章阐述了智能系统的知识表示与处理方法。如何有效表示和利用这些知识支持农业问题的求解和决策，是面向农业的知识系统所要解决的核心问题；第4章介绍了智能农业生产系统的机器学习核心技术，它是使计算机具有智能的根本途径，是智能农业生产系统不可缺少的部分；第5章结合农业生产系统主要处理的数据要素，重点讨论了农业领域的图像识别和处理技术；第6章围绕农业物联网技术，介绍了物联网基本框架、关键技术、农业生产物联网系统的设计和典型物联网的应用方案；第7章围绕3S在农业领域中的应用，介绍和分析了3S技术的基本理论和应用；第8章围绕农业大数据的应用，介绍了大数据的基本特征、关键技术、基于大数据的智能决策，并结合实例介绍了Hadoop农业大数据管理平台架构等内容。

(3)智能农业生产建设应用环节，包括第9章至第11章。第9章围绕农业生产专家系统建设，介绍了专家系统的基本概念、分类、基本结构和系统设计方法。第10章围绕农业机器人的建设和应用，介绍了农业机器人的基本架构、系统设计、典型应用场景和应用展望。第11章围绕农业物联网智能信息服务，介绍了一个典型农业物联网智能信息服务平台实现的关键技术和实现方法。

(4)第12章展望了智能农业生产系统应用的重点农业领域,并阐述了智能农业生产系统的发展建议。

本书由谢能付、曾庆田、马炳先、冯建中、姜丽华、郭雷风编著。谢能付负责把握全书的逻辑系统和结构体系,并对全书进行统稿和修订,南京大学徐洁磐教授进行了审稿。本书编写的具体分工如下:谢能付负责第1章1~2节、第2章;曾庆田负责第3章、第6章、第8章、第9章、第11章;马炳先负责第4章、第10章;冯建中负责第7章;姜丽华负责第5章;郭雷风负责第12章;吴赛赛负责第1章第3节,并负责本书参考文献整理和文字校正;郝心宁、张帆、郭文艳和程成也参与了部分章节内容的撰写和整理工作。该书部分内容来自国家自然科学基金农业大数据环境下多粒度知识融合方法研究(31671588)项目的研究成果。在本书中参考或引用了相关理论文献和农业生产应用案例,其参考文献已列在文章后面,但难免有所疏漏。在此,向有关专家表示感谢。

由于编者水平有限,加之时间仓促,书中难免存在疏漏和不足之处,恳请读者批评指正。

编　者

2020年1月

目　录

第1章 智能农业生产系统概述

在信息化时代,计算机与网络技术、物联网技术、自动化技术、人工智能技术等先进技术的发展不断推动着农业生产方式的变革。这使以数字化为基础的智能农业生产模式应运而生,使得智慧农业更加智慧,精准农业更加精准,催生了以信息和知识为代表的新一代生产力,促进了人工智能在现代农业生产中的快速发展。

1.1 智能农业生产系统的基本概念

1.1.1 农业生产系统

农业可以看作是一个层级系统,从单个地块(作物生产系统、种植制度)开始,延伸到综合体农场(农业生产系统、农作制度),再从农场到区域(农业系统)。农业生产系统的长期可持续依赖于保持土壤的化学、物理和生物学性质。

农业生产系统具有一些重要的属性,主要包括生产力、稳定性、可持续性、公正性、自治性和充足性。生产力是指单位土地面积上有用产品的产量,是农业生产系统的重要属性。产量是对投入效率的综合量度,其中的投入包括各种自然投入和人工投入,如太阳辐射、水、养分和劳动力。由于气候或其他原因,不同年份的产量有所不同,用稳定性可以表示变动的程度。可持续性则表示在同一地点上多年保持目前的生产水平。农业生产的基本目标是提供食物、饲料、纤维和燃料,其他目的包括保护环境和保证长期可持续性。公正性是指农业系统内部及农业系统与更大的外部社会之间利益的均衡。自治性是农业独立于更大外部社会的程度。这两个属性在社会学和经济学分析中很重要。充足性是指农业必须能够为人类提供充足的食物。

1.1.2 智能农业生产系统

进入21世纪以来,以地理信息系统、全球卫星定位系统、遥感技术、自动化技术、计算机技术、通信和网络技术等为代表的数字化技术与农业专业学科知识进一步有机结合,逐步实现在数字水平上对农业生产、管理、经营、流通、服务等领域进行数字化设计、可视化表达、智能化控制和系统化管理,达到合理利用农业资源、降低生产成本、提高经营效益、改善生态环境等目的，实现数字化的农业，这是“数字地球”在农业上的拓展，称为“数字农业”。

数字农业从内容上讲，包括农业要素信息数字化、农业生产过程数字化和农业管理数字化。农业要素信息数字化，是指将农业系统中的生物要素、环境要素、技术要素以及社会经济要素用计算机能够识别的数字语言、标准格式等进行标记，建立相应的数据库、数据仓库或知识管理系统。农业生产过程数字化，是指将农业过程中的内在规律和外部联系，利用数学模型进行模拟和表达。农业管理数字化，是根据农业管理需求和科学的农业管理流程，构建功能齐全的数字化管理系统。

近年来，物联网、云计算、移动计算等新技术逐步应用到农业领域，农业信息技术再次增添了许多新的内容，以云计算、物联网、智能系统为基础，集农业信息的智能感知、智能预警、智能分析、智能决策为一体的智能农业是当前农业信息技术研究和应用的热点领域。

智慧农业是智慧地球的一部分，在国外被称为 Smart Agriculture 或 Smart Farm，其主要根源在于嵌入式技术的快速发展，通过微型处理系统，现实世界的各种物体都将具有智慧，能够自动采集各种数据、对数据进行处理和分析、与其他物体进行交流与通信，等等。在卫星和传感技术的帮助下，农业生产装备能够自动从事农业生产，并且尽量高效地利用种子、化肥、除草剂等，但这种最优化很快达到了极限。我国是一个农业大国，农业作为一个基础性的产业，不仅是支持人类发展的第一产业，也是人类得以存续的物质基础保证。但我国的农业仍然是一个传统弱质型产业，存在地域性和季节性强，产品标准化低和竞争力弱，具有较高的市场风险和自然风险等特点。

随着“互联网＋”战略的实施，信息化技术与各个传统产业的融合进入发展的快车道，大量的高新科技设备和技术逐步融入传统产业的生产之中，大幅提高了传统产业的效能。“互联网＋农业”得到了逐步落实，我国小农经济和信息不畅的状况得到了很大的改善。智能化源于信息化，其核心是利用大数据、云计算、物联网、GIS 等新一代信息化技术，创新各行业的管理理念和管理方式，解决制约该行业发展瓶颈的问题，降低农业生产成本，实现生态建设可持续的发展。智能农业的目标有：

（1）生产方面，利用新一代信息化技术，最大限度地整合利用农业资源，降低农业成本和能耗，减少农业对生态环境的污染，最终达到农业生产最优化。

（2）销售方面，利用新型的电商平台和优秀的物流系统，盘活各农产品资源信息，做到人人知晓，进而实现互通有无，提高农民收入。

智能农业作为一种新兴的农业发展模式，利用新一代的信息化技术，提高各个农业生产销售环节的信息流通效率，对解决涉及“三农”工作中存在的问题，具有一定的促进作用。智能农业是将这些独立的系统融入一张信息物理系统（Cyber Physical System，CPS）中，更加强调系统性（从整个系统的角度进行决策）、智能化（根据需求来实现控制功能）、自动化（无须人工参与即可完成相关工作），从而再次提高生产效率。智能农业一般由以下几部分构成：

(1)环境感知设备。比如温湿度传感器、土壤传感器、气体传感器等,通过传感器实现对基础数据的采集。

(2)网络传输设备。主要由无线 Wi-Fi、ZigBee 网络等组成,其功能大致是负责采集信息的传输与控制命令的传达、不同设备之间的通信。

(3)决策支持中心。以云计算等为主要技术构建的用于数据存储、数据处理、决策分析的平台,负责对整个系统的智能决策,汇集各种基础数据,然后做出决策,并发出控制指令。

(4)终端执行设备。比如温室大棚中的卷帘机、喷水机、加湿机等,决策支持中心可以对各种终端执行设备发布命令,驱动设备运行,对温室环境进行调节。发展智能农业,对实现农业现代化,提高农民收入,解决我国粮食问题具有举足轻重的意义。

到 2030 年,全球人口预计将突破 85 亿。解决全球粮食的供给,已成为国际社会面临的一大挑战。人类在索取食物的过程中,对环境造成了巨大压力,应大力发展智能农业,利用有效的数字基础设施和技术解决方案精简流程、减少浪费、提高产出,推动人类社会的可持续发展。

在农业领域,人工智能早在 20 世纪就开始了探索。现代农业面临着资源紧缺与资源消耗过大的双重挑战,迫切需要一场人工智能的革命,实现智能农业生产。智能农业生产是指利用现代人工智能技术成果,集成应用计算机与网络技术、物联网技术、图像信息处理技术、大数据技术、3S 技术、深度学习等技术,实现农业生产过程中“全自动化”的信息采集、识别、诊断、控制、调整、适应和预警等管理,在耕地资源有限的情况下增加农业的产出。

1.2 智能农业生产的发展动态

智能农业生产是农业生产的高级阶段,通过互联网、计算机、现代通信技术、物联网技术、现代化机械等高新技术应用,增强对农业生产环境条件的感知,实现农业可视化远程诊断、远程控制、灾变预警等智能化管理,加强对农业生产工人的管理,减少农产品流通损耗,实现农业的产、供、销的高度智能化、自动化、精细化。相对传统农业生产,智能农业生产极大地提高了农业生产经营的综合效率,降低了工作劳动强度和资源损耗,提高了农产品附加值,保障农民增收。智能农业的内涵主要是指在环境条件相对可控的情况下,利用工业化的生产模式,打造集约、高效、可持续发展的农业生产模式,将高新技术应用到农业生产的各个环境,配备高度智能化的专家系统进行分析和决策,使农业生产各个环境的决策和运行更加智能化、自动化和标准化。智能农业对现代农业的发展具有非常重要的作用,能够显著提高农业生产经营效率。通过传感器对农业环境的精准、实时、长期监测,利用云计算、数据挖掘等技术进行多层次深入分析,并将分析指令与各控制设备进行连接完成农业生产、管理和决策。这种智能机械代替人的农业劳作,不仅解决了农业劳动力日益紧缺的问题,而且实现了农业生产高度规模化、集约化、工厂化,提高了农业生产对自然环境风险的应对能力,使弱势的传统农业成为具有高效率的现代产业。

发展智能农业能够有效地改善农业生态环境。将农田、畜牧养殖场、水产养殖场等生产单位和周边的生态环境视为整体,并通过物质循环和能量流动关系进行系统、精准的运算,保证农业生产的生态环境在其自身可调节范围内,如定量施肥不会造成土壤板结,也不会因营养流失导致富营养化;经处理后的畜禽的粪便不会造成水和大气污染,反而有利于改善土壤结构和提高土壤肥力。

智能农业能够转变农业生产者、消费者的观念和组织体系结构:

(1)完善的农业科技和电子商务网络服务体系,使农业相关人员足不出户就能够远程学习农业知识,获取各种科技和农产品供求信息。

(2)专家系统和信息化终端成为农业生产者的大脑,指导农业生产经营,改变了单纯依靠经验进行农业生产经营的模式,转变农业生产者和消费者对传统农业落后、科技含量低的观念。

另外,智能农业阶段,农业生产经营规模越来越大,生产效益越来越高,迫使小农生产被市场淘汰,必将催生以大规模农业协会为主体的农业组织体系。

智能农业的功能构建包括特色有机农业示范区、农科总部园区和高端休闲体验区,有利于促进农业的现代化精准管理、推进耕地资源的合理高效利用。智能农业实现现代农业生产环境的智能感知、智能预警、智能决策、智能分析、专家在线指导,为农业生产提供精准化种植、可视化管理和智能化决策。

除了精准感知、控制与决策管理外,从广泛意义上讲,智能农业还包括农业电子商务、食品追溯防伪、农业休闲旅游、农业信息服务等方面的内容。

1.2.1 国外智能农业生产的发展历史与现状

美国是全球农业规模巨大和技术先进的国家,也是全球范围智能农业起步早、成效显著的国家。19 世纪 60 年代,美国农业开始进入机械化进程。20 世纪 40 年代,全国范围基本实现农业机械化。美国农业生产主要依靠家庭农场,农场经营规模大,农业现代化、机械化程度高,全部实现机械标准化作业,生产效率高。美国的现代化农业涉及生物学、地理学、气象学、生态学等学科门类,将农业生产、工业制造、商品流通、信息服务等产业融为一体,是多部门、多学科的系统化综合体。早在 20 世纪初,美国农业已基本实现种植专业化。现在美国已形成了专业化、区域化的布局,建立了各种特色鲜明的产业带。比如东北地区雨量充沛、气温较低,牧草生长茂盛,形成了“牧草和乳牛带”;中北部地区地势平坦、土地肥沃,冬季寒冷漫长,形成了“小麦带”;还有五大湖区附近的“玉米带”、南方的“棉花带”等。但是,随着美国农业的发展、补贴状况的迥异,美国农场早已出现了明显的两极分化。产业化农场不断扩大种植规模,可以保持竞争优势,得到更多补贴;小规模家庭农场则几乎被逐出商品化农产品的种植领域,只能在无补贴的其他农作物上生产,并依赖地区性贸易体系,难以维系生存。智能农业为这些改变提供了一条重要的途径。同时,美国智能农业的发展与温室及温室内信息化技术的发展密不可分。20 世纪 80 年代,美国提出智能农业的前身即精准农业的构想，其微电子技术发展推动了智能化监控技术的发展，农作物生长的模拟、栽培管理、测土配方施肥等农业系统构成了智能农业的早期技术基础。摩托罗拉、雨鸟公司等共同合作开发智能中央计算机灌溉控制系统，将计算机应用于温室控制与管理。20世纪90年代，温室计算机控制与管理系统可以根据温室作物的特点与需求，对温室内的温度、湿度、光照、CO_2、肥料施用等因子进行自动调控，还可以利用温差技术管理实现农产品的开花结果期的控制，适应市场的需求。随着大规模现代信息技术的普及，智能农业有了更快、更长足的发展。美国已将全球定位系统（Global Positioning Systems，GPS）、遥感监测系统（Remote Sensing，RS）、农田信息采集与环境监测系统、地理信息系统（Geography Information Systems，GIS）、决策支持系统和智能化农机具系统等应用于农业生产。

智能化农机具系统的发展也是美国智能农业重要的成果。早在1933年，美国就通过了《农业调整法》，确定了农业的基础地位。20世纪80年代，美国农业法成为一个独立的法律。2007年，美国出台新的农业法案，形成了以农业法为基础、一百多部重要法律为配套的完善的农业法律体系，内容涵盖农业市场、农产品贸易、农业信贷、土地利用与开发、农业资源与环境保护病虫害防治等各个方面。随着互联网时代的发展，网络成为政府关注的农业发展的重要工具。Data. gov是奥巴马政府于2009年推出的，该网站上有关于诸如植物基因学和当地天气情况的详尽数据库。还有一些比如特定土壤条件下最好的作物研究、降水量的变化、害虫和疾病的迹象，以及当地市场作物的期望价格等数据库。这些数据如果免费开放给农民、企业和科研机构，所产生的价值将是非常巨大的。

智能农业中的大数据分析技术，推动了农业保险和农业期货等行业的发展。投资在美国农业发展中具有举足轻重的地位，在不同的发展阶段，美国政府针对农业发展中存在的矛盾和问题，适时出台一系列农业保护政策，包括价格支持、财政补贴、信贷税收、对外贸易等方面，即为了稳定农产品价格和农场主收入，配套了相应的目标价格、差额补贴、货款率、无追索权贷款等投资手段。这些投资手段虽然不是强制性的，但它是有吸引力的，这关系到农场主的切身利益。美国还有比较健全的农业保险体系，通过实行农业保险制度，规避了农业生产造成的风险，减少了自然灾害对农业生产造成的损失，并对农业投资实行税收优惠政策，税收减免可达应缴税收的48%。利用大数据分析技术，The Climate Corporation（气候公司）为农业种植者提供名为Total Weather Insurance（TWI），涵盖全年各季节的天气保险项目。项目利用公司特有的数据采集与分析平台，每天从250万个采集点获取天气数据，并结合大量的天气模拟、海量的植物根部构造和土质分析等信息对意外天气风险做出综合判断，以向农民提供农作物保险。公司声称该保险的特点是：当损失发生并需要赔付时，只依据天气数据库，而不需要烦琐的纸面工作和恼人的等待。

另外，还有智能化控制系统的快速发展。位于美国加利福尼亚州的草莓培育商Norcal Harvesting安装了一套物联网系统，以实时追踪植物的状况。系统还可以根据空气和土壤的状况，自动触发相关行为，如浇水或调节温度。这套系统由Climate

Minder 开发,目的是帮助培育商更好地管理植物。通过在农业园区安装生态信息无线传感器和其他智能控制系统,可对整个园区的生态环境进行检测,从而及时掌握影响园区环境的一些参数,并根据参数变化适时调控,如灌溉系统、保温系统等,确保农作物有最好的生长环境,以提高产量、保证质量。在保温系统中,通过采集、分析和控制土壤湿度、土壤成分、pH 值、降水量、温度、空气湿度和气压、光照强度、CO_2 浓度等来获得农作物生长的最佳条件,将生物信息获取方法应用于无线传感器节点,为温室精准调控提供科学依据。在灌溉系统中,通过感应土壤的水分,并在设定条件下与接收器通信,控制灌溉系统的阀门打开、关闭,达到自动节水灌溉的目的。

广泛应用传感器和视频终端采集的信息,除在精准农业中监测农作物的害虫、土壤酸碱度和施肥状况等外,还包括从选种子到病虫害防治,从幼苗培育到收割入库等方面。监测范围涵盖广义农业的各个方面,包括畜牧业、农副产品加工业及渔业。通过物联网对牲畜家禽、水产养殖、稀有动物的生活习性、环境、生理状况及种群复杂度进行观测研究。对于森林环境监测和火灾报警(平时节点被随机密布在森林之中),平常状态下定期报告环境数据,当发生火灾时,节点通过协同合作会在很短的时间内将火源的具体地址、火势大小等信息传送给相关部门。

加大对农副产品从生产到流通整个流程的监管,可以将食品安全隐患降至最低,而物联网则可在这方面发挥重要的作用。以猪肉安全为例:进入农贸市场的猪肉上安装电子芯片,以跟踪猪肉产品的生产、加工、批发以及零售等各个环节。消费者在购买猪肉时索取含食品安全追溯码的收银条,凭借收银条上的追溯码查询生猪来源、屠宰场、质量检疫等多方面信息。美国几家大学组成的一组研究团队获得了美国农业部(USDA)提供的国家食品安全项目资金,用于为期三年的研究,采用 RFID(射频识别技术)感应器追踪供应链中多叶绿色蔬菜的温湿度状况,希望能判断出在什么时间,什么状况下,"高风险"产品开始产生食源性致病菌感染。研究人员在运输卡车内的农产品货箱中放置 RFID 感应器,测量温湿度水平、波动的发生时间及它们如何对零售商销售农产品中的大肠杆菌或其他病原体的产生造成影响。举个例子,湿度水平会影响绿色食品塑料包装的渗透性,从而影响农产品的上架周期。研究人员也希望利用研究结果为包装、配送专业人士提供培训,通过监测运输和配送过程中的新鲜食品,防止食源性致病菌的发生。

关于智能农业应用在食品安全的质量追溯方面,欧洲已经实现了对农产品进行原料供应、加工、包装、销售等整个流通过程的全程追溯管理,利用农产品标识,对产品进行跟踪识别,用信息化保障食品安全。通过信息系统进行追溯时,要求产品供应链中的每一节点,不仅要对加工成品进行标识,还要采集产品原料上已有的标识信息,并将其全部信息标识在加工成品上,以备下一个环节的加工者或消费者使用,从而实现对农产品整个流通过程的跟踪管理,排除瘦肉精、禽流感等食用农产品的安全隐患。此外,欧洲也非常重视将信息化应用于现代农业,尤其是在发展精细农业、农产品物流以及农业信息服务等方面。早在 20 世纪 50 年代,欧洲农业就开始使用现代工业技术、微电子技术。

荷兰的农业以家庭私有农场生产为主,65.6%的农场从事畜牧业。温室产业是荷兰最具特色的农业产业,居世界领先地位。荷兰的工业基础雄厚,其中化工、食品加工、机械与材料、电子工业技术尤为先进。世界级的大型公司如化工业的壳牌、食品工业的联合利华、电子工业的飞利浦在国际工业舞台上扮演着重要的角色。在高度发达的工业化影响下,荷兰温室农业也具有高度工业化的特征。温室设施本身就是工业化集成技术的产物,由于摆脱了自然气候的影响,温室园艺产品的生产完全可以实现按照工业生产方式进行生产和管理,不仅体现在种植过程中有其特定的生产节拍、生产周期,还体现在产品生产之后的包装、销售方面。事实上,荷兰的农业特别是温室农业是被当成工业来发展的。温室产业中广泛采用现代工业技术,包括机械技术、工程技术、电子技术、计算机管理技术、现代信息技术、生物技术等。荷兰从20世纪80年代开始开发温室计算机自动控制系统,并不断开发模拟控制软件。到20世纪80年代中期,荷兰近85%的温室种植者使用环境控制计算机,进行对温室的管理,按照不同农作物的特点及需求进行自动控制,从而满足农作物生长发育的最适要求。温室内的生产环节如搅拌基质、施肥、灌溉等均实现自动化管理,温室内环境条件如温度、湿度、光照等全部由计算机监控,并智能化调控。

德国农业利用现代信息技术,改善传统的农业经营方式。德国政府有一套完整的信息技术应用体制,向农民提供从农业生产资料供应到农产品销售、加工、运输、仓储及咨询、信贷、保险等服务。已经在全国范围内建成地理信息系统(GIS)、全球定位系统(GPS)和遥感技术(RS),即3S技术,应用于农业资源和灾害的检测预报方面。德国注重模型模拟技术、计算机决策系统技术、精准农业技术等关键技术的研发和集成。主要的农业信息系统有德国联邦农业科技文献电子信息网络服务系统、农业生产技术网络服务系统、计算机自动控制技术、网络计算机辅助决策技术的应用等。计算机辅助决策系统为农民提供咨询服务,如开发的麦类病害流行预测和损失预测模拟模型、生长发育模型等。应用模型减少田间调查次数,预测病虫害发生发展趋势,判断农作物不同生长阶段的耐害能力,在农业生产中发挥了积极作用。

法国是欧洲第一农业生产大国,其农业产值占欧盟农业的20%以上,农产品出口长期位居欧洲首位。从1950年开始,法国积极推进农业机械化,到1970年全部实现机械化。农业的机械化和自动化大大提高了农民的劳动生产效率,减轻了劳动强度,使农民有能力展开多种经营。20世纪90年代,法国制订和实施生态农业发展计划来控制和提高农产品的品质。观光农业是法国典型的现代化农业模式,无污染且经济效益显著。法国已在投入大量的资金、精力来建设智慧城市,智能农业也是其中一项重要的目标。通过新技术的整合,运用信息和通信技术、机器人技术和智能管控系统等新技术,促进多网络信息资源的共享与运用,发展生产效率更高、资源利用最少、污染最小、食品品质更好、更安全的农业生产环境。

英国较高的工业水平使英国的农业发展较早进入机械化和自动化生产阶段。在英国农业生产结构中,畜牧业占主要地位,其次是种植业。以机器人、自动控制技术、专家系统为代表的信息化技术,使英国农业进入信息化时代,提高了农产品的产量和品质。英国自动挤奶设备的普及率已达 90% 以上，一些更为先进的挤奶机器人在一些农场使用。机器人的作用不仅仅是挤奶，还要在挤奶过程中对奶质进行检测，检测内容包括蛋白质、脂肪、含糖量、温度、颜色、电解质等，对不符合质量要求的牛奶，自动传输到废奶存储器；对合格的牛奶，机器人也要把每次最初挤出的一小部分奶弃掉，以确保品质和卫生。挤奶机器人还有一个作用，即自动收集、记录、处理奶牛体质状况、泌乳数量、每天挤奶频率等，并将其传输到计算机网络上。一旦出现异常，会自动报警，大大提高了劳动生产率和牛奶品质，有效降低了奶牛发病概率，节约了管理成本，提高了经济效益。

在英国，一些养殖场利用电子智能机械手和自动配料机、送料机等进行自动化饲料配制、运输和分发。如一些农场使用的智能饲喂机器，可自动采集来到机器前的牛、猪等个体信息，并根据每头牲畜的具体情况给出不同的饲料组合和饲喂量，保证同一群体中的每个个体都能得到最合理的营养，提高牲畜生长速度和质量。英国大多数养牛和养猪、养鱼场都实现了从饲料配制、分发、饲喂到粪便清理、圈舍等不同程度的智能化、自动化管理。农场主把本农场不同地块的具体数据输入专家软件，就可以得到该地块的最佳种植方案、最佳施肥施药方案、农田投入产出分析、农场成本收益分析等。种植过程中，一些农场利用智能化、自动化控制技术开展生产作业。有的农场在作物施肥喷药机械中加装土地智能扫描仪，作业过程中，土地扫描仪对土地状况、农作物长势等进行自动扫描和数据处理，并将数据即时传输给施肥喷药设备。施肥喷药设备则根据扫描数据精准区别不同位置农作物的生长状况，进行变量精准施肥施药，很好地解决了因土地多样性、复杂性带来的施肥不均、施药不匀等问题。

日本不仅实现了农业现代化，而且农业整体水平已经达到了世界先进水平，主要原因是日本政府在发展现代农业的过程中不断对农业政策进行创新和完善，形成了独具特色的现代农业政策体系。日本智能农业发展先期十分注重农业基础设施的建设，侧重对农村的通信网络如广播、电视、互联网等的建设。在 1994 年底，日本开发建立农业网络 400 多个，农业生产部门计算机普及率达到 93% 。20 世纪 90 年代建立了全国农业技术信息服务联机网络[实时管理系统(DRESS)]，每个县都设有 DRESS 分中心，可迅速得到有关信息，并随时交换信息。日本建立了农业市场信息服务系统，主要是由“农产品中央批发市场联合会”主办的市场销售信息服务系统和“日本农协”发布的农产品生产数量和价格行情预测系统组成。政府为批发市场的运行制定了一套严密的法律。根据法律，批发市场及时将农产品每天的销售及进货数量、价格在网上公布，因此日本的农产品信息的准确、及时和全面的发布，对整个农业起到很好的指导作用。日本建造了世界上比较先进的植物工厂。根据日本植物工厂的现状，植物工厂是完全控制型和太阳光利用型营养液栽培系统的总称。它是利用环境自动控制、电子技术、生物技术、机器人和新材料等进行植物周年连续生产的系统，也就是利用计算机对植物生育的温度、湿度、光照、CO_2 浓度、营养液等环境条件进行自动控制，使设施内植物生育不受自然气候制约的省力型生产。

韩国农业与日本农业特点较为相似，同样也十分注重智能农业的建设。建立了作物基因、作物育种、动物改良、农业图书馆和文献信息、数据统计分析五大信息系统。同时，建立了农产远程管理咨询系统，帮助农场主与专家进行沟通交流，专家可通过系统定期传授农业生产知识、生产技术，同时发布农作物长势、病虫害预警预报等农业生产信息。韩国的温室自动化控制系统、农业生产环境监控系统十分先进，系统能够远程监控温室内的温度、湿度、光照等环境条件数据，农场主可远程实时控制温室内的环境条件。

以色列常年干旱缺水，自然条件不利于农业生产，但是以色列发展了先进的节水用水技术，将以色列农业发展成为世界农业学习的榜样。在以色列，90% 以上的农业采用了水肥一体化技术，由计算机自动把掺入肥料的水通过塑料管道渗入植株根部。在温室种植方面，科学家们设计了一系列软件，对温室的施水、施肥、气温及作物生长环境进行自动化控制。近年来，以色列又将先进的电子技术应用到农业机械方面，发明了装有计算机和自动装置的拖拉机，能高效完成从犁地、种植到收割的全套田间作业，并以最经济的方式保持操作速度和降低燃料消耗。农业生产部门也十分注重信息的搜集、传播和反馈，以利于将最新的科研成果与技术发明运用到农业中来；通过互联网了解国际需求动态，同时将国内状况向国际市场发布，使供需紧密衔接。

1.2.2 国内智能农业生产发展历史与现状

我国农业领域引进信息技术主要起源于 20 世纪 80 年代初，首个计算机应用研究机构——中国农业科学院计算中心于 1981 年建立，同时引进 FELIXC-512 系统。农业部首次将农业计算机应用研究列入“七五”攻关内容，1986 年创刊并公开发行的《计算机农业应用》是第一本农业信息技术专业刊物。1987 年农业部设立了信息中心，主要推动信息技术在农业生产管理中的应用，各类专用程序软件大量开发并应用于农业生产和管理。90 年代，专家系统研究出现了高潮，农业系统计算机已超过万台。1992 年，成立全国性专业学术团体计算机农业应用分会。农业信息技术在农业中的应用已经越来越普遍，应用目标也从最初的提高产量到现在的生产有竞争力的农产品，农业可持续发展、和谐农村、农业能源的有效利用和环境保护。农业信息技术主要应用于占农业最大比重的种植业领域，包括智能化育种、智能化环境监控、智能化病虫害预警预报、智能化仓储等。

我国是世界农业大国，农业是我国的传统和基础产业。我国政府部门高度重视农业的发展，先后出台了《农业科技发展“十二五”规划》《关于加快推进农业科技创新持续增强农产品供给保障能力的若干意见》《全国农垦农产品质量追溯体系建设发展规划(2011—2015 年)》等政策，全力支持“十二五”期间我国农业的发展。2017 年 7 月，《国家信息化发展战略纲要》明确提出要加强农业与信息技术融合，大力发展智能农业。《全国农业现代化规划(2016—2020 年)》再次强调要推进农业转型升级，提高技术装备和信息化水平，加快建设智能农业。发展智能农业是实现现代农业的必由之路。2019 年 5 月，中共中央办公厅、国务院办公厅印发了《数字乡村发展战略纲要》，并发出通知，要求各地区各部门结合实际认真贯彻落实。纲要要求将数字乡村作为数字中国建设的重要方面，推进农业数字化转型。加快推广云计算、大数据、物联网、人工智能在农业生产经营管理中的运用，促进新一代信息技术与种植业、种业、畜牧业、渔业、农产品加工业全面深度融合应用，打造科技农业、智慧农业、品牌农业。

随着物联网技术的不断发展，越来越多的技术应用到农业生产中。RFID 电子标签远程监控系统、无线传感器监测、二维码等技术日趋成熟，并逐步应用到智能农业建设中，提高了农业生产的管理效率、提升了农产品的附加值、加快了智能农业的建设步伐。

智能农业建设的脚步日益加快，先进的农业应用系统被广泛推广，越来越多的农民群众接受了这种“开心农场”式的生产方式。利用 RFID、无线数据通信等技术采集农业生产信息，以帮助农民及时发现问题，并且准确地确定发生问题的位置，使农业生产自动化、智能化，并可远程控制。比较典型的应用有：

(1)宁波用物联网技术栽培葡萄。宁波地区通过点击鼠标，中心基站的 1 台计算机页面上显示 1 串参数。附近 6 666.67 m^2 葡萄园内的土壤温度、水分含量、空气湿度等一目了然。这些即时数据是由看不见的无线传输网络来完成采集和传送的，可减少人工成本 1/3 以上。

(2)郴州智能大棚。2010 年 5 月 31 日，郴州烟草专卖局将物联网技术应用于郴州烟草现代农业示范基地的建设，实时采集数据，为烟叶作物生长对温、湿、光、土壤的需求规律提供精准的科研实验数据。通过智能分析与联动控制功能，及时精确地满足烟叶作物生长对环境各项指标要求；通过光照和温度的智能分析和精确干预，使烟叶作物完全遵循人工调节等高效、实用的农业生产效果。

(3)锦州 M2M(机器到机器)技术让农民“在家种菜”。锦州市农委成功将 M2M 技术应用于农业温室大棚监控，利用短信报警和远程监控技术实现了对农业大棚的高效管理。该系统由传感器将室内的温度、湿度、光照、CO_2 浓度传至通信模块，由通信模块通过 GPRS 网络传到 M2M 平台，指标的数据超过预警值就产生告警，平台将告警信息以短信的形式发送到大棚工作人员的手机上。同时工作人员利用远程终端登录 M2M 平台及时提取和查看数据，实现自动监控。

(4)广西农产品质量追溯升级，柑橘有了“身份证”。广西农垦源头农场全面建立农产品质量追溯系统。在源头农场，柑橘带着小小的“身份证”远销海内外。这张“身份证”就是农产品质量安全追溯系统的安全信息条码，不仅提升了农产品质量安全水平和全程监管能力，还带来了经济效益。

(5)南京某物联网公司为某农场开发的物联网技术应用案例。这家农场近 30 个标准化大棚内，布满了 40 个温度、湿度、视频、光照等类型的传感器，利用传感器采集数据，系统实时绘制出一目了然的数值空间分布场图，通过物联网模块传输数据，操作人员凭计算机和手机就能对蔬菜进行实时了解和监控。

(6)在江苏宜兴市新建镇新建村，物联网技术则应用到养殖业领域，切切实实为当地的蟹农们“养”起了螃蟹，蟹农们用手机能随时随地了解养殖塘内的溶氧量、温度、水质等指标参数，并操控自动投喂机按预先设定的间隔时长、投喂量为塘区的水产动物投饲料。监控几十亩的水塘,不到10分钟就可以全部完成。山东省七级镇为推广食用菌种植,2011年给冬暖棚配备智能化喷淋系统。解决了食用用菌种植的技术“瓶颈”,为菌农们带来了巨大收益。

(7)中国农科院信息所深入推进嘉华智能猪场关键技术研发、构建食用菌物联网智能调控和葡萄智慧管理模型、开发基于机器视觉的茭白分级及食用菌自动采摘技术等数字植物工厂(牧场)建设,同时,还计划在石门建立1个“无人农场”,在市农业经济开发区建立中国桐乡智慧农业创新中心,努力将桐乡打造成为国内智慧农业技术研发、集成应用和农业数字化转型高地。

虽然国内在农业物联网方面的研究工作方兴未艾,也取得了较多的技术积累,但与欧美等发达国家相比,我国的农业物联网发展还处在起步阶段,尤其体现在应用方面。从已发表的论文和专利看,多数只是就问题的一个侧面介入,大多数技术只是在某一生产或流通过程中进行应用,而未涉及农业生产及流通整个体系,在大面积上、大范围内对众多技术实施集成并强调综合生产成本的研究则不多见。

1.3 智能农业生产的技术应用

1. 物联网技术应用

物联网技术对农业生产发展具有极高的实用价值,例如广西林科院开展了油茶种植物联网监测课题研究。而农业温室大棚是物联网技术的重要平台,可以通过传感器对农作物的生长实现实时监控,进而利用科学的种植方法,提高农作物产量和生产效率。

2. 大数据技术应用

大数据技术利用新一代信息化技术,对事物所有相关的大数据进行量化存储,并使用云计算等手段对事物进行预测分析,以此替代传统随机抽样的分析方式,进一步提高对事物发展的分析预测能力,使得决策支持系统(Decision Support System,DSS)等信息系统的精确度大幅提升。对于智能农业而言,将与农作物生长相关的环境数据量化存储分析后,可以更科学地种植农作物,进一步提高农作物的产量和生产效率。

3. 云计算技术应用

以农业为例,云计算技术就是通过网络连接云计算中心,农民可以不需要购买服务器等高额的信息化硬件设备,支付少量的云软件服务费用即可获得以往只有大型企事业单位、科研院校才能获得的专业级软件服务,进而强化对农业生产的管理,提高农业生产的科学性、精确性和效率性。

4. 3S技术在智能农业生产中的应用

近年来,我国将GPS定位技术与传感器技术相结合,实现了农业资源信息的定位与采集;利用无线传感器网络和移动通信技术,实现了农业资源信息的传输;利用GIS技术实现了农业资源的规划管理等。GPS技术已开始应用于农业资源调查、土壤养分监测和施肥、病虫害监测和防治等农田信息采集和管理、农业环境变化和农业污染监测等方面。卫星定位技术与农田信息采集技术相结合,可以实现定点采集、分析农田状态信息,生成农田信息状态分布图,指导生产者做出相应的决策并付诸实施。

随着航模飞行控制技术的进步,智能无人机因其易操控性、可扩展性等特点逐渐推广至各个生产领域。比如在电力方面,利用无人机检查野外电线情况;在林业方面,利用无人机检查林木生长状况。而在农业方面智能化的无人机也提高了农业植保机的工作效率和精度,进而改进了农业生产方式,也提高了农业生产效率。同时由于无人机的高度扩展性,使得其在传统生产作业活动中具有非常巨大的潜力,例如将无人机与 RFID 技术结合,实现对果树生长信息的数据采集;将无人机与地理信息系统技术结合,实现农业耕地地理测绘等基于位置的服务(Location Based Services,LBS)工作。

第 2 章 智能农业生产系统的技术基础概览

从农业数据到农业信息再到农业知识，清晰界定各概念的范围，有利于对智能农业生产系统的更深理解。本章主要介绍了数据、信息和知识关系、数据产生的手段和技术以及分析的技术。智能农业生产系统就是希望机器能够在数据到知识的基础上，进一步产生智慧。从目前看，还有很长的路要走。

2.1 数据、信息与知识

2.1.1 数据

英国哲学家伯特·兰罗素认为："数据是指一切能经受住我所能进行的最严格的批判性考察，而不包括在考察之后凭借论证和推理才得到的东西。"数据是事实或观察的结果，是对客观事物的逻辑归纳，是用于表示客观事物的未经加工的原始素材。如智能终端、移动终端、视频终端、音频终端等现代信息采集技术在农业生产、加工以及农产品流通、消费等过程中产生文本、图形、图像、视频、声音、文档等数据。它们本身并没有什么含义，但是放在一定的环境中，人们有目的地处理和使用它们时，才有意义。比如，单个 100 并不能表示任何内容，但是如果说"贺州市昭平县粮油山茶油 100 元/斤"，这就是一条信息。

数据是用于对事物具体状态的描述。用来描述事物状态的一系列数据便形成了数据集。比如利用样点名、土壤名、经度、纬度、全镉、全铬等数据描述一个地点的土壤环境基本信息。农业数据是农业信息的载体，包含数字、文字、语言、图形和图像不同形式的数据，如一张虫害照片、一段描述气候的文字、农作物价格等。

数据是可处理、可加工的。数据都是通过特定手段、技术或装置等获取的。准确的数据量测是数据采集的基础。数据量测方法有接触式和非接触式两种，无论采用什么样的方式，均要以不影响被测对象状态和测量环境为前提，以保证数据的正确性。这些获取的数据都是在一定环境下进行的，因此就能很好地判断出它表示的是什么。对于所获得的原始数据，一般还需要在具体的应用或情景下，按照一定的规则，选用恰当的工具进行处理，才能获得有意义的信息。

2.1.2 信息

信息由数据和它们代表的含义来表达，取决于数据集合的上下文。在农业生产中，通过对大量的农业数据进行分析，可以从中提取出农业信息，帮助人们做出科学决策。“信息论”的创始人香农认为信息是用来消除接收者某种认识上不确定性的东西。该观点认为信息从数据中来，数据是信息的基础，没有脱离数据的信息。因此，以文本、数字、字符、图像、声音和视频等为载体的农业数据，通过各种途径进行传播，能够帮助获取者了解情况、形成判断和做出决策的内容，都可以称为农业信息。

一般来讲，不管世界上的信息如何丰富，但通常都具有如下特征：

(1)载体依附性。信息的表示、传播和存储需要依附于某种载体，用来反映其内容和含义，也就是说信息不能独立存在，需要一定的载体，而且，同一个信息可以依附于不同的载体。

(2)传递性。信息通过传输媒体的传播，可以实现信息在空间上的传递，信息通过存储媒体的保存，可以实现信息在时间上的传递。

(3)共享性。信息是一种重要资源，它能提供的是知识和智慧，具有使用价值。信息传播的面积越广，使用信息的人越多，信息的价值和作用会越大。信息在复制、传递、共享的过程中，可以不断地重复产生副本。但是，信息本身并不会减少，也不会被消耗掉。因而，信息的传递和共享体现了信息的意义。

(4)时效性。信息的产生和利用都具有时效性。随着事物的发展与变化，信息的可利用价值也会相应地发生变化。信息随着时间的推移，可能会失去其使用价值，变成无效的信息。信息往往反映的只是事物某一特定的时刻的状态，会随着时间的推移而变化，如施肥信息、天气预报、病害等。这就要求人们必须及时获取信息、利用信息，这样才能体现信息的价值。

(5)价值性。信息是有价值的，就像不能没有空气和水一样，人类也离不开信息。因此人们常说，物质、能量和信息是构成世界的三大要素，缺一不可。但是，信息的价值和效用因人而异。

2.1.3 知识

“知识”已成为现代最流行的用语，遍及广泛的领域。传统观念中，知识定义为真的信念，以真命题表达。现在从信息的意义上来定义，知识就是正确的信息。

根据牛津-韦氏大辞典的定义，知识是一种被知道的状态或事实；是被人类理解、发现或学习的总和；是从经验而来的加总。托夫勒认为，我们所说的知识是指“被进一步融入一般性的信息”。他将知识的含义拓展为“信息、数据、图像、想象、态度、价值观，以及其他社会象征性产物”。1996 年，OECD(经济合作与发展组织)在知识经济(The Knowledge-Based Economy)报告中，将知识分为四种，即事实知识(Know-what)、原理知识(Know-why)、技能知识(Know-how)和人际知识(Know-who)。其中，前两种又称显性知识(Codified/Explicit Knowledge)，就是已经过编码的以一定的形式记录下来的，可用书面语言、图表、数字公式等表示的，可以方便进行传播的知识。后两种知识称为隐性知识（Tacit Knowledge），就是非系统阐述的知识，非结构化、非编码化的沉默知识，不可言说，这与罗素所谓的“内省的知识”比较接近。实际上，早在1938年巴纳德就注意到了隐性知识的存在，他认为“以心传心”是一种重要的交流方式。显性知识只是“知识冰山”的一角，大部分知识隐藏于人的实践之中，是隐性知识。从认知的角度看，显性知识可以通过文件、形象或其他精确的沟通过程来传授，但隐性知识的获得却只能依赖于自身的体验和体悟，靠直觉力和洞察力。显性知识和隐性知识之间可以相互转化，动态循环。

当人类社会已经进入智能化时代，各行各业纷纷踏上智能化升级与转型的道路，各类智能化应用需求大量涌现。AI+成为AI赋能传统行业的基本模式，而基于农业知识的农业智能生成系统是高级阶段、深层次智力服务，是农业生成系统发展的必然要求。

2.1.4　数据、信息和知识之间的关系

数据是不具有特定意义的符号，信息是在一定客观环境背景下产生的含义，知识是在一定条件范围内具有普适性的结论。DIKW体系将数据、信息、知识、智慧纳入一种金字塔形的层次体系，每一层比下一层多赋予的一些特质。通过原始观察及量度获得了数据，分析数据间的关系获得了信息，在行动上应用信息产生了知识。智慧关心未来，它含有暗示及滞后影响的意味，如图2.1所示。

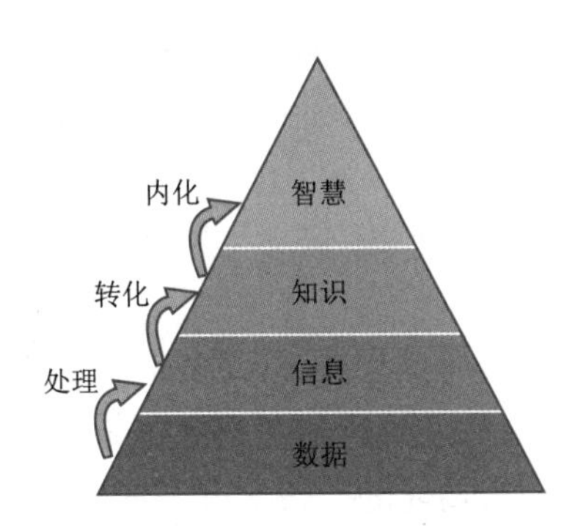

图2.1　数据、信息、知识与智慧的关系

数据是记录下来可以被鉴别的符号。它是最原始的素材（如数字、文字、图像、符号等），未被加工解释，没有回答特定的问题，没有任何意义。数据经过人们有目的的加工处理，从而成为具有更高价值的信息。

信息是有目的、有意义、有用途的数据被加工的结果，是对数据的解释。它是对数据的解释，使得数据具有意义。在计算机用语中，关系数据库根据存储在其中的数据生成信息。信息是通过关系连接赋予意义的数据。这个“意义”可能有用，但不一定非常有用，它可以对某些简单的问题给予解答，譬如：谁？什么？哪里？什么时候？信息在增加了见识或抽象的价值时就转换为知识，这是信息转变为知识的过程。通过知识

的使用，人们可以认识、改造事物，可以通过社会协定而达到特定目的，从而促进新信息和数据的产生。

知识是从相关信息中过滤、提炼及加工而得到的有用资料。它不是信息的简单累加，往往还需要加入基于以往的经验所做的判断。因此，知识可以解决较为复杂的问题，可以回答"如何？"的问题，能够积极地指导任务的执行和管理，进行决策和解决问题。特殊背景/语境下，知识将数据与信息、信息与信息在行动中的应用之间建立有意义的联系，它体现了信息的本质、原则和经验。此外，知识基于推理和分析，还可能产生新的知识。

从数据到信息再到知识，清晰界定各概念的范围，有利于人们学习大数据和智能系统。从数据到信息，涉及不同的处理方法，这就涉及机器学习处理技术。不同的技术处理，可能会得到不同的信息。而从信息到知识，更加体现一个人的概括总结能力，它直接导致了后期的数据的应用场景和使用价值。最后才能到达最高层级就是具有智慧。而所有的一切的基础就是数据。

对于未来的农业知识分析、管理和智能服务，都涉及数据、信息和知识。在农业生产系统领域，它们定义了与农业生产系统相关的三个层面。其中，智慧可以被理解为决策过程的一部分。很明显，人们必须从不同的角度来看待农业生成系统发展的问题。因此，数据层面上的农业信息化已经无法满足农业生产的技术需求，将来，主要工作必须是围绕信息和知识层面研发信息化产品。以信息与知识的农业智能系统已用于农业生产中，并取得了良好的应用成效，且贯穿于农业生产产前、产中、产后，以其独特的技术优势提升农业生产技术水平，实现智能化的动态管理，减轻农业劳动强度，展示出巨大的应用潜力。

2.2 智能农业生产系统中的知识

知识与知识表示是人工智能中的一项基本技术，且这项技术非常重要，决定着人工智能如何进行知识学习，是最底层也是最基础的部分。人工智能是一门研究用计算机来模仿和执行人脑的某些智力功能的交叉学科，所以人工智能问题的求解也是以知识为基础的。在智能农业生产系统中，数字化信息正在改变整个农业生产系统，越来越需要智能化来提升信息价值，而知识则是智能化的基本原料。从不同的角度对知识进行划分，可得到不同的分类方法。

就作用范围而言，知识可分为常识性知识、领域性知识。常识性知识是通用性知识，它是人们普遍掌握的知识，可适用于相当广泛的领域。领域性知识是面向某个具体领域的知识，是专业化的知识，只有相应专业的人员才能掌握并用来求解该领域内的有关问题。例如，专家的经验以及有关理论就属于领域知识。

就知识的表示形式来划分，知识可分为过程性隐式知识与知识库显式描述性知识。

就知识的作用来划分，知识可分为事实性知识、经验性知识、控制知识和元知识。

事实性知识用于描述领域内的有关概念、事实、事物的属性、关系及状态等。事实性知识大多采用直接表达的形式，比如采用一阶谓词公式表示等。对于相对复杂的事实性知识，由于其具有良好的结构化，所以还可用框架或语义网络等来表达。

过程性知识主要是指与领域相关的以计算机程序形式给出的问题求解知识，用于指出如何处理与问题相关的信息以求得问题的解。过程性知识一般是通过对领域内各种问题的比较、分析得出的规律性知识，由领域内的规则、定律、定理及经验构成。

控制知识是针对具体给定问题，利用知识库组织、运用并最终求解问题的知识，它主要包括推理策略、信息传播策略、搜索策略、求解策略、限制策略，等等。

元知识是关于如何管理、维护知识库的知识，所以又称"关于知识的知识"。例如，用于知识库完备性、一致性检验的知识。

按照农业计算模型来说，智能农业生产系统的知识也可以大致分为以下五类：

1. 农业品种知识

无论是农业的种植业还是养殖业生产，都涉及品种知识。每个智能农业生产系统都还有特定的农业品种知识。

因为生产区域性强，不同地区，同一作物品种往往不同。因此，如果不能建立农业品种库，则知识智能生产系统无法在该地区应用。

2. 农业气候知识

在影响农业生产的自然因素中最主要的是气候因素。气候为农业发展提供了光、热、水等能量和物质，某地的气候因素往往决定了该地的种植制度。

气候与气象条件是造成农作物或畜禽动物在不同地区、不同年份之间，生长发育和产量产生差异的重要原因。潘根兴认为未来气候变化给农业生产带来了新的挑战，因此农业生产既要努力克服气候变化带来的影响，又要为抗击气候变化作出贡献，在这种情况下，智能农业便是当仁不让的不二之选。

因此，农业气候知识库建立也将直接影响农业生产系统做出的科学决策。

3. 农业土壤知识

土壤是一个国家最重要的自然资源，它是农业发展的物质基础。土壤提供供应和协调植物生长所需的水、肥、气和热等要素的能力。

各种农作物对土壤深厚、酸碱度、有机质含量要求不同；而不同地域气候、植被、动物、岩石类型不同，土壤类型不同，这在一定程度上限制了农作物分布的广度，也使农业区呈现出一定的地带性和非地带性。

农业土壤知识也是智能农业生产产品中的重要知识原料。

4. 农业水资源知识

农业水资源是可为农业生产使用的水资源，包括地表水、地下水和土壤水。发展智能农业就要提高水资源的利用效率。

智能灌溉系统的诞生真正实现了水资源的高效利用。不仅能够节约人力成本资源，并且能够有效解决灌溉存在的问题。

因此，通过农田水分的智能监测，获得农业水资源知识，通过智能科学分析，对水资源进行科学处理后引入农田，不仅节水、节能、节省人力，而且提高了农作物的产量和质量。

5. 农业病虫草害知识

在智能农业生产中，一个重要的功能就是农作物病虫草害的自动检测与识别，可以准确地获取植物受害的病因、病种及受害程度，是保证农业生产可持续发展的重要环节。

病虫害知识主要涉及病虫害分布、病虫种类、名称、应对方法、发生期、发生量等。

这些知识对智能生产系统的病虫害监测、预报预警、预防模型建立有着非常重要的作用。

2.3 智能农业生产系统的技术特征

一个智能农业生产系统具有什么样的特征才能称得上智能生产？随着机器学习等人工智能技术的发展，智能生产将在除草、灌溉、施肥和喷药、作物培育、防治病虫害以及农业资源分配方面发挥显著作用，对未来农业发展带来深远影响。真正智能化的机器人技术以及机器学习算法将为人类社会带来新的农业革命，会让越来越多的农民看到运用先进的技术带来的经济效益。智能农业生产系统的技术至少具有以下三方面的特征：

1. 学习能力强

农业生产系统需要具有从农业知识或过去的经验知识中学习的能力，并能通过从环境交互中学习，在与用户交互过程中动态学习，具备不断进化和进步的学习能力，以此提高自身的智能水平。

2. 不确定性处理能力强

在现实生活中的任何事情都存在确定性和不确定性，确定性是相对的，不确定性是绝对的。现有的数据处理技术和手段对这些不确定性原始事件很难进行有效的处理。不仅如此，由于现有知识的局限性，根据历史经验制定事件识别规则造成的不确定性也会导致错误结果。智能农业生产系统的智能主要反映在求解不确定性问题的能力上，因此系统应具有很强的不确定性处理的能力，能够识别和较好地处理农业生产中各种不确定性问题。

3. 精准作业

受资源环境的限制，现代农业要改变以往粗放的生产方式，就必须更加精准，以缓解日益紧张的资源问题。随着人工智能技术发展以及其在农业生产应用的深入，农业数据和生产系统也逐渐向智能、精确方向发展，以适应现代和将来农业发展的需要。

精准农业就是依靠智能装备的机械化和智能农业的信息化帮助农业人员以更精确和准确的方式管理他们的田地，但这些技术与人工智能技术紧密结合，比如施肥，有些农业人员凭着经验去施肥，有些农业人员是盲目施肥。通过现代科技可以实现土壤检验，结合相关数据获得施肥量；甚至能精确到每一个时期的施肥量。通过更精确地获取数据，能更精准地指导农业生产。

精准作业可以很好地将现代化的信息技术、农业技术与工程技术进行有机结合，实现智能农业生产所要求的时间与空间差异，采用卫星定位，智能选种，智能机械，智能施肥、灌溉、喷洒农药等，最大限度地优化各项农业投入，同时也保护了农业生态环境及土地资源。例如，Infosys、IBM Watson IoT 和 Sakata Seed Inc. 在美国加利福尼亚两块田地上布置测试床，利用基于机器视觉的无人机、环境传感器和土壤传感器，全方位、立体化地采集植物高度、空气湿度、土壤肥力等 18 种数据，并将数据上传到 Infosys 信息平台进行大数据管理和人工智能技术分析，分析结果反馈至企业 ERP 系统、植物育种研发系统，以指导下一步生产和育种。

2.4　无所不在的感知

感知层、决策层和控制层是实现智能农业生产所涉及的三个核心技术层，其中，感知层技术实现是第一步，也是最复杂、难度最大的。如何运用人工智能技术对由环境、土壤、植物等组成的整个农业生产系统进行精确感知，是当下智能农业生产系统的重点攻关方向。在农业生产中，人工智能助力农业生产精细化，从而促进农业提质增效。在种植领域，企业利用人工智能对农作物生长情况及环境数据进行建模分析，为农业生产提供精准指导。

华为 XLabs 研究指出，2020 年，智能农业的潜在市场规模有望由 2015 年的 137 亿美元增长至 268 亿美元，年复合增长率达 14.3%，用于牲畜、农作物和环境监测的传感器出货量将达到数十亿，市场前景广。人工智能在农业生产领域已经涌现出很多典型案例，为促进农业生产智能化转型升级提供了新思路。在不久的将来，智能农业生产系统都会通过各类传感器、RFID、视觉采集终端等农业信息感知设备连接物联网，传感器无所不在的未来不远了。李道亮认为农业信息感知研究不仅涉及化学分析、物质表面特性、光谱学、生物学、微电子学、遥感学等多门学科的机理探索，还在不断突破加工方式，以追求更高的工艺精度、更长的使用寿命、更低的感知成本。其中基于电化学、光学、电学感知机理的农业传感器，应侧重于感知机理与硬件工艺的改善，同时注意组合不同机理的优势，研发多参数、多途径的农用传感器；另一方面，基于高光谱遥感、无人机遥感的精准遥感是特殊的农业感知途径，是实现精准农业的重要技术，应侧重于数据处理、挖掘与特征提取算法的改进，组合农业遥感数据与地面农业传感网数据，进行信息融合以提高农业遥感精度。

2.4.1　农业领域中的感知技术

人工智能的发展包含三个层次：计算智能、感知智能、认知智能。简单理解，计算智能即快速计算、记忆和存储能力；感知智能，即视觉、听觉、触觉等感知能力；认知智能则更为复杂,包括分析、思考、理解、判断的能力。从现阶段人工智能的发展来看,随着计算能力的不断发展,存储手段的不断升级,计算智能可以说已经实现;而随着移动互联网普及,大数据、云计算等技术的发展,更多非结构化数据的价值被重视和挖掘,语音、图像、视频、触点等与感知相关的感知智能也在快速发展;在计算智能和感知智能发展的基础上,人工智能正在向能够分析、思考、理解、判断等认知智能延伸,真正的智能化解决方案已经显现端倪。人工智能的发展已经到了由感知智能向认知智能迈进的临界点。

一般来讲,农业信息感知是指通过传感设备对所处农业周围的环境进行环境信息的获取,并提取环境中有效的特征信息加以处理和理解,最终通过建立所在环境的模型来表达所在环境的信息。在感知方面,目前主要有三个核心内容,第一个是机器感知,第二个是计算机视觉,第三个是自然语言处理。比如,通过各种农业用环境传感器检测诸如环境温湿度、气体含量、光照等信息,为农业生产提供参考,并配合水、肥、气的控制设备,达到增产保产的目的。针对农业环境的传感器有空气温湿度传感器、水分含量传感器、土壤温度传感器、气体含量传感器(CO、CO_2、NH_3 等)、光照强度传感器等。感知智能更多的是识别,是为了得到数据;而认知智能则是像人一样思考,能够理解数据、理解语言,甚至理解现实世界,从而做出科学的决策。

农业信息感知技术包括自动识别技术、传感技术、定位技术等直接获取原始数据技术,还包括对原始数据进行加工、融合、预测等其他技术,如数据挖掘。

1. 自动识别技术

自动识别技术是通过感知技术所感知到的目标外在特征信息,证实和判断目标本质的技术,如利用 RFID、语音识别技术、图像识别、条码等识别技术。在许多情况下,需要多种技术、多种手段并用来满足实际农业应用需要。其中,RDID 技术在农业中的应用最为广泛,是农业物联网中信息采集的主要源头。RFID 是一种非接触式的自动识别技术,具有读取距离远(可达数十米)、读取速度快、穿透能力强(可透过包装箱直接读取信息)、无磨损、非接触、抗污染、效率高(可同时处理多个标签)、数据存储量大等特点,是唯一可以实现多目标识别的自动识别技术,可工作于各种恶劣环境。一个典型的 RFID 系统一般由 RFID 电子标签、读写器和信息处理系统组成。当带有电子标签的物品通过特定的信息读写器时,标签被读写器激活并通过无线电波将标签中携带的信息传送到读写器以及信息处理系统,完成信息的自动采集工作,而信息处理系统则根据需求承担相应的信息控制和处理工作。

2. 传感技术

传感技术可以说是物联网技术的核心所在,其在物与物之间相互连接、进行信息交换与传输方面起到十分重要的作用。传感技术同计算机技术与通信技术一起被称为信息技术的三大支柱。如果计算机相当于人的大脑,通信相当于人的神经,而传感器就相当于人的感官。传感器也能够感知人们周围的世界,并依靠这些电信号给复杂的集成电路(IC)和电子系统提供反馈。传感器是将能感受到被测量的信息,并按照一定的规律转换成可用输出信号的器件或装置,通常由敏感元件和转换元件组成。其中敏感元件是指传感器中能直接感受或响应被测量(输入量)的部分;转换元件是指传感器中能将敏感元件感受的或响应的被测量信息转换成适于传输和(或)测量的电信号的部分。

在 Kirby 智能农场中,在农场科研人员利用传感技术可以方便地测量土壤湿度、温度、导电率,空气温度、湿度,风速、风向、降雨、冰雹、太阳辐射等。这些传感器和测量设备对农场的土壤和空气等环境状况、草皮植被生长状况、家畜活动和农场设备状况等进行实时监控。

3. 定位技术

随着 3S 技术、物联网、云计算等技术在农业领域中的应用,传统农业正在加快向现代农业转型,智能农业成为现代农业未来发展的趋势。在定位技术中,GPS 技术在智能农业生产中具有核心地位。GPS 可以提供实时、全天候和全球性的导航、定位、定时服务,GPS 在智能农业中具有核心地位,其实时定位和精确定时功能可为智能农业提供实时、高效、准确的点位信息,从而实时地对农田水分、肥力、杂草和病虫害、作物苗情及产量等进行描述和跟踪;为农机作业提供高效的导航信息,使农业机械将农作物需要的肥料送到准确的位置,将农药喷洒到准确位置。

2.4.2　农业生产系统物联网

农业物联网通过信息感知、传输和处理技术,将农业现代技术和现代信息技术进行集成应用。物联网技术作为农业的重点应用领域,已经用在农业的诸多方面,主要包括环境监测,气象、天气监测,温湿度控制,智能节水灌溉,产品安全与溯源,设备智能诊断管理等。农业生产系统物联网主要通过以下四种技术手段感知农业信息(感知平台):

1. 大田综合物感知技术

大田综合物感知技术主要通过感知设备采集大田和设施农业生产所需的大气温湿度、风速、风向、光照度、雨量、大气压、叶表温湿度、植物茎秆和果实生长情况、土壤温湿度、土壤酸碱度、水位、重金属离子、全球定位数据等关键数据,从而可以准确掌握大田农作物生育进程和动态,对大田农作物苗情、墒情、病虫情、灾情以及大田农作物各生育阶段的长势长相进行动态监测和趋势分析,对大田农作物生产、田间管理和抗灾救灾进行快捷高效的信息指挥,提高精细生产和田间管理的能力,及时发现生产中存在的问题,制定大田农作物田管技术对策,提出田管意见或建议,更好地开展技术指导,有效提升大田作业的现代化、精准化水平。

2. 空中移动感知技术

空中移动感知技术采用空中移动传感技术和超远距高清视频感知技术,可以形成点面结合、有线与无线结合、固定与移动结合的全方位大田物联网监测体系,实时采集各类环境数据和植物生长光谱信息,分析农作物的生长情况,实现对农田生产环境和农作物苗情、墒情、病虫情、灾情的全面监测。

3. 水下移动感知平台

水下移动传感平台可以实现水面以及水下可控巡航，依靠搭载的各类传感设备实现水体环境实时监测，可灵活监测水质溶解氧、水体酸碱度、氨氮、温度、电导率等水体环境数据，并通过高清晰低照度的水下摄像机，观察水下鱼类的生长和进食情况，增加水下可视距离。可大大减少水产养殖的人力成本，是水产养殖的可靠辅助管理综合平台。

4. 水上移动感知平台

水上移动感知平台采用高抗风设计，集成了酸碱度、温度、溶解氧、氨氮等传感器。配备动力系统，可以遥控巡航，提供广泛水域面积，完成水质综合监测、采集水质数据的任务，并和自动增氧设备联动，实现水产养殖智能化控制。

随着5G网络的发展和普及，势必掀起农业的巨大变革，推动农业生产全面进入数字化时代。5G网络普及后，整个世界将变成名副其实的地球村，大容量信息高速公路将大大缩小物理上的距离，加之万物互联，农业信息感知将真正地变成无处不在。5G网络的发展将为智能农业提供所需要的基础设施，它们将被运用到物联网技术中，对农业活动进行跟踪、监测、自动化分析。

2.5 无所不在的数据

未来的世界，一定是被传感器覆盖的世界，无处不在的传感器将会搜集地球上的各种数据，物理的、化学的、生物的，这个世界处处可以被量化、实时可以被感知。

农业生产的数字化程度越来越高，从数据、文字、图片，到声频、视频，数据采集、存储、扩散等的技术不断发展，使全面记录人与自然界各种现象的“泛在存储”成为可能。尤其是近年来移动通信和物联网的迅猛发展，遍布于农业领域的移动设备、RFID、无线传感器等无时无刻不在产生数据，构成了农业大数据的重要来源。

自2000年物联网的发展，传感器在农业领域的使用发生了重大转变。

2000年：全球共有5.25亿个农场，其中没有一个农场连接到物联网。

2025年：与5.25亿个农场相同的基地，这些农场将使用6亿个传感器，以支持农业物联网，这是向用于农业的技术进步的重大转变。

2035年：全球拥有5.25亿个农场，与2020年相比，传感器使用量将增长三倍以上。

这些设备将源源不断地产生原始数据上传到“数据池”，是农业生产大数据的主要来源。主要包括以下数据：

（1）土地资源数据、水资源数据、气象资源数据、生物资源数据和灾害数据等农业自然资源与环境数据。

（2）与农业生产相关各种数据，如良种信息、地块耕种历史信息、育苗信息、播种信息、农药信息、化肥信息、农膜信息、灌溉信息、农机信息和农情信息等种植业生产数据；个体系谱信息、个体特征信息、饲料结构信息、圈舍环境信息、疫情情况等养殖业生产数据。

农业生产的“大数据”主要产生于“感知”领域。无处不在的信息感知和采集终端为人们采集了海量的数据，芯片、传感器和设备技术越来越先进、成本越来越低，农业物联网让农业变得可以感知度量，突破了数据获取的瓶颈；各种智能终端设备不断普及，农村、农业人员的智能手机用户不断发展，整个农业形成了一张大网，数据传输更加便捷。

大数据时代来临为现代农业发展创造了前所未有的机遇，对大田种植、设施园艺、畜禽养殖、水产养殖等农业行业领域的各种农业要素进行数据挖掘，可以实现农业生产智能化控制、精准化运行和科学化管理，进而达到高产、高效、优质、生态、安全的目标。

农业大数据正由技术创新向应用创新转变，而5G技术发展与应用也将为农业生产带来海量的原始数据，从而推动智能农业生产不断前进。

2.6　无所不在的计算

随着云计算、物联网、社会网等概念的出现和发展，一个以计算机、物和人结合的虚拟时代正在到来。后PC时代的核心理念之一就是“无所不在的计算”或者说“普适计算”。计算机由大型机为中心发展到了以个人计算机为中心，现在，又进一步朝着“什么都是计算机”的方向发展。

我国农业发展处于传统农业向现代农业转型时期，物联网的出现使农业生产的精细化、远程化、虚拟化、自动化成为可能。物联网技术在现代农业领域中的应用很多，如农业大棚标准化生产监控、农产品质量的安全追溯、农业自动化节水灌溉等。

未来的智能化农业4.0时代，大量智能终端和机器人的应用实现了高度自动化，无所不在的计算将导致高度信息化得以实现。物联网与移动终端将源源不断地产生数据，并且数据类型丰富，内容鲜活。邱隆说：“此前的计算只是围绕数据中心，但数据在哪里计算就应该在哪里。”这些计算转而使用各种嵌入式设备作为计算的核心，通过传感器和无线网络，用户可以在任何时刻、任何地点，以任意方式进行信息的获取和处理。例如，与农业生产模式结合，智能系统会根据获取的数据进行总结和计算，并对农业生产现场的环境进行调节，在一定程度上摆脱了长久以来农作物生长对自然环境的过多依赖，使得农作物生长具有高产、高效、高质的特点。

2.7　智能化的分析和决策

提升农业生产管理过程的数字化、自动化和智能化水平已经成为农业生产转型的主要手段和方式。而所谓智能，就是一个包含了感知、识别、学习、判断、调整和适应等环节的循环过程，并能根据指定的目标做出科学决策并采取行动以得到所期望的效果。

一般认为“智能”是知识和智力的总和，知识是实现智能的基础，智力是获取和运用知识求解的能力。人工智能作为农业发展的一个新引擎，在农业生产过程中利用智能感知设备采集到数据进行分析,实现生产过程中如推理、判断、构思和决策等智能活动,让机器延伸或部分地取代人类专家在农业生产过程中的体力和脑力劳动,最终让智能农场、智能牧场、智能渔场等智能生产环境得以实现。

2.7.1 机器学习

机器学习在人工智能的研究中具有十分重要的地位。一个不具有学习能力的智能系统难以称得上是一个真正的智能系统,但是以往的智能系统都普遍缺少学习的能力。

随着人工智能的深入发展,这些局限性表现得愈加突出。正是在这种情形下,机器学习逐渐成为人工智能研究的核心之一。它的应用已遍及人工智能的各个分支,如专家系统、自动推理、自然语言理解、模式识别、计算机视觉、智能机器人等领域。机器学习的研究是根据生理学、认知科学等对人类学习机理的了解,建立人类学习过程的计算模型或认识模型,发展各种学习理论和学习方法,研究通用的学习算法并进行理论上的分析,建立面向任务的具有特定应用的学习系统。这些研究目标相互影响、相互促进。

人类研究计算机的目的,是为了提高社会生产力水平,提高生活质量,把人从单调复杂甚至危险的工作中解救出来。

2.7.2 图像识别技术

图像识别技术是指利用计算机对图像进行处理、分析和理解,以识别各种不同模式的目标和对象的技术,是计算机视觉领域一项重要的技术。图像处理技术又称影像处理,是指用计算机对图像进行分析,以达到所需结果的技术,主要用来提高图像的质量。常见的处理有图像数字化、图像编码、图像增强、图像复原、图像分割和图像分析等。人工智能对于图像的处理大致有四种算法:遗传算法(Genetic Algorithm,GA)、蚁群算法(Ant Colony Optimization,ACO)、模拟退火算法(Simulated Anneal,SA)和粒子群算法(Particle Swarm Optimization,PSO)。这些算法在边缘检测、图像分割、图像识别、图像匹配、图像分类等领域有广泛的应用。同样这些算法也可以运用于机器人视觉中。

随着机器学习的发展,图像处理已经进入了智能化的时代。

2.7.3 物联网技术

物联网技术起源于传媒领域,是信息科技产业的第三次革命。由于多种技术,如实时分析、机器学习、商品传感器和嵌入式系统的融合,使得物联网得到了快速的发展。经过十几年的发展,物联网技术与农业领域的应用逐渐紧密结合,形成了农业物联网。物联网技术在许多方面都具有改变农业的潜力,可以通过以下方式改善农业:

(1)通过智能农业传感器收集海量的数据,如天气条件、土壤质量、农作物生长或牛的健康状况等数据，这些数据用于跟踪农业生产状况、生产人员的表现以及设备效率等。

(2)更好地控制内部生产流程，从而降低生产风险。可预见生产结果的能力使农业生产决策者可以更好地制订生产规划。比如，如果确切知道将要收获多少农作物，则可以确保农产品不会滞销。

(3)减少农业成本管理和农业浪费可以通过对农业生产智能控制来达到目标。比如，如果能提前看到农作物生长或家畜健康状况中的任何异常情况，就可以减轻损失单产的风险。

(4)通过流程自动化提高农业生产效率。通过使用智能设备，可以在整个农业生产周期中自动化多个生产流程，如灌溉、施肥或害虫防治等。

(5)提高农产品质量和数量。通过自动化实现更好地控制农业生产的过程，可以保持更高的农作物质量和高产能力。

2.7.4 大数据与智能决策技术

随着人工智能和大数据等技术的快速发展以及这两种技术的指数级增长，它们的增长速度甚至更快。数据被认为是人工智能的血液，因为 AI 系统从数据中学习以完成其功能。但不幸的是，很难将来自多个来源的数据整合成一个有意义的数据，因此往往需要具有数据分析学位的专业人员，他们能够处理和分析这些大数据集以发现有意义的模式、趋势和关联。

大数据已在 AI 中得到应用，许多企业正将大数据处理的灵活性与人工智能相结合，以加速商业价值。最重要的发展是将大数据与 AI 的融合，通过大数据和分析能力不断改变企业的未来发展。机器人技术的出现引入了一种自主性，这种自主性不需要人为干预即可执行决策。因此，当该技术与大数据结合使用时，其强度上升到难以预料的程度。可以通过零售巨头沃尔玛的例子来理解大数据和 AI 融合的概念。沃尔玛的大数据分析工具可实现自动业务决策。沃尔玛大约拥有 2.45 亿客户，他们可以通过访问 10 900 家商店中的任何一家进行购物，或者在线购物。因此，公司每小时可从 100 万个客户那里收集到大约 2.5 PB 的非结构化数据。沃尔玛使用这些数据来分析客户购买了哪些产品，通过社交媒体数据来发现热门产品是否可被引入到世界各地的沃尔玛商店。人工智能系统处理大数据已做出自治决策，例如需要在每个商店中存储其产品的单位数量，并根据需求数据自动向供应商下订单。这个例子表明，AI 能分析现实世界的数据，并允许计算机从该数据中学到一些东西。

数据科学家意识到人工智能和机器学习的力量，特别是当大数据与 AI 和机器学习结合在一起时，其功能将加倍，并极大地改变人们的未来。人工智能、大数据以及机器学习是未来数据和分析服务的引擎，大数据与人工智能的结合使用将使机器更加智能，从而使机器能够高效地工作。人工智能和大数据分析是两条非常有前途的技术路线，企业可以在将来根据过去的知识做出明智的决策。然而，真正的成功在于理解这些技术的融合和相互依赖性。

在农业生产中，大数据和人工智能融合的例子也逐渐地遍地开花。比如，农业智能机器人系统通过各种传感信息以及经验知识与人工智能技术进行融合，可以实现导航、定位、目标识别的智能功能，进而实现分析与研究环境数据信息，为其进行各种决策提供良好的参考依据。美国拓普康公司（Topcon Precision Agriculture）借助GPS、监视和电子控制技术，输入种植者的种植、施肥等信息，可帮助他们了解在精准农业技术方面的投资回报，帮助他们持续分析和提高农产品产量。Semios公司利用无线传感器网络能够持续监测害虫数量，通过数据分析，一旦虫害超过一定程度，网络就会自动激活外激素释放系统，干扰害虫的交配过程，这一手段能够减少害虫繁衍，减少杀虫剂的使用。

第3章 知识表示与处理

知识表示是对知识的一种描述,或者说是一组约定,是一种计算机可以接受的用于描述知识的数据结构,对知识进行表示就是把知识表示成便于计算机存储和利用的某种数据结构。目前,在农业领域存在大量显性或隐性的知识,包括农业文献、农业生产数据、农业科学数据、专家经验等。如何有效表示和利用这些知识支持农业问题的求解和决策,是面向农业的知识系统所要解决的核心问题。

3.1 知识表示

知识表示指的是把相关专家知识、经验和方法以及专家的思维模式进行适当的表示,以某种规则或技术方法将其转化成计算机能够存储和应用的计算机符号。由于农业的复杂性、时效性,农业的知识表示会有很多困难,因为不同的农作物各环节有不同的条件和规则,因此对于农业知识库的建设,不仅要有数据、模型、规则、方法以及文本、图像等,同时还要配有方便的管理存储后台,对知识库中的知识进行及时、高效的管理。已有的知识表示方法有很多,常用的主要有谓词逻辑表示法、产生式表示法、语义网络表示法、框架表示法、面向对象表示法等。

3.1.1 谓词逻辑表示法

谓词逻辑适合于表示事物的状态、属性、概念等事实性的知识,也可以用来表示确定的因果关系,即规则。一阶谓词演算的表示能力是较强的,它所能表示的范围依赖于原子谓词的种类和语义。

形式上,任一谓词表达式都是由原子谓词的集合经由各种逻辑运算的组合和两种量词的约束而形成的。这种知识表示方法的BNF(巴科斯范式)描述如下:

<值>::=<各种类型的值>

<变元>::=<变元名>

<原子谓词>::=<谓词名>[(<变元>,…)]

<原子命题>::=<谓词名>[(<值>,…)]

<原子>::=<原子命题>|<原子谓词>|(<谓词表达式>)

<因式>::=<原子>|<原子>

<与式>::=<因式>|<与式>∧<因式>

<或式>::=<与式>|<或式>∨<与式>

<蕴含式>::=<或式>|(<或式>)→(<或式>)

<谓词表达式>::=<蕴含式>|(<变元>,…)(<蕴含式>)|(<变元>,…)(<蕴含式>)

<知识>::=<谓词表达式>,…

在实际系统中,原子谓词在一个特定领域范围内的一个谓词集合中选取,构成一个原子谓词的特定集合。原子谓词用其谓词名、变元名及值的形式表示谓词的语义。在构成合法的谓词表达式的过程中,只有满足特定约束的那些与式、或式和蕴含式是合法的,最终构成的谓词表达式也必须满足一定的约束条件。

3.1.2 产生式表示法

产生式的一般形式为:

$$Q \rightarrow P$$

其左部一般表示一组前提或状态,右部表示若干个结论或动作。其含义是:如果前提 Q 满足,则可推出结论 P(或应该执行动作 P)。

产生式表示法是专家系统中应用最多的一种表示方法,以产生式规则表达式的集合来表示专家知识、经验和模型,知识库的一条规则对应的就是一个产生式表达式。产生式是产生系统的单元程序,产生式的执行并非直接规定,同时各产生式之间也不能相互直接调用,而是当产生式与全局数据库的数据规则匹配时,该产生式将被执行。

知识块的表示方法是按照通用性的要求,将农业各产业领域的专家知识组合成相对独立的知识块,知识块分解有助于为农民提供专家级的指导。知识块按照农业各产业领域各环节的功能进行区分,分为条件链知识块和推理规则及结论知识块。为了满足多种决策功能的需要,知识块中包含定性和定量组合的结论。条件链知识块主要是对决策项目的条件描述,包括条件链描述和表述选择两部分,为获取用户准确的问题描述提供方便,这类知识直接用自然语言和数值来表示。

一个用产生式表示的知识是一组产生式的有序集合,其 BNF 描述如下:

<知识>::=<产生式>,…

<产生式>::=<前提>→<结论>

<结论>::=空|<结论元>,…

<结论元>::=<谓词>|<动作>

<前提>::=空|<谓词>,…

<动作>::=<动作名>[(<变元>,…)]

<谓词>::=<谓词名>[(<变元>,…)]

值得注意的是,产生式知识中,诸产生式的次序是有意义的,因此一般解释程序都是自前往后进行匹配,查找可被运用的产生式,所以放在前面的产生式就有可能先得

到匹配，从而先执行其右部动作，或先推出右部的结论。

3.1.3 语义网络表示法

语义网络是一种表达能力很强而且灵活的知识表示方法，是用表示知识和建立认知模型的一种带标号的有向图。有向图的节点表示各种事物、概念、属性及知识实体等。有向图的有向边表示各种语义联系，指明其所连接的节点之间的某种关系。有向图的节点和边都必须带标识，以便区分各种不同的对象和对象间各种不同的语义联系。语义网络中每一条有向弧及其连接的两个节点在表达式上相当于一个二元谓词公式。它比逻辑表示直观，在用于常识推理时，有时也较为方便。

一般来说，语义网络中的节点还可以是一个更细致的语义子网络。因此可把它一层一层细化下去，直到最基本的原子对象为止。知识的语义网络表示方法的BNF描述如下：

<知识>::=<语义网络>

<语义网络>::=<基本网元>|Merge|(<基本网元>,…)

<基本网元>::=<节点><语义联系><节点>

<节点>::=(<属性—值对>,…)

<属性—值对>::=<属性名>:<属性值>

<语义联系>::=<系统预定义的语义联系>|<用户自己定义的语义联系>

其中，Merge(…)是一个“合并过程”，它把作为参数出现的所有<基本网元>中相同的节点都合并为一个节点，从而把那些<基本网元>合并到一起，成为一个语义网络。

3.1.4 框架表示法

框架表示法是指借助于以往经验对特定场合下的对象或事件序列做出估计的知识表示方式。这一类知识表示方式具有明显的层次结构，一般将所研究对象或事件序列的关联知识汇集在一起，从而形成较大的知识表示结构（称为单元）。

框架可以理解为具有嵌套结构、便于联想的广义特性表。框架由框架名、槽和约束条件三部分组成，每一部分都有其名和对应的值。知识框架表示的BNF描述如下：

<知识>::=<框架>

<框架>::=<框架头><槽部分>[<约束部分>]

<框架头>::=框架名<框架名的值>

<约束部分>::=约束<约束条件>,…

<槽部分>::=<槽名><槽值>

<槽名>::=<系统预定义槽名>|<用户定义槽名>

<槽值>::=<静态描述>|<过程>|<谓词>|<框架名的值>|<空>

<静态描述>::=<数值>|<字值>|<特殊符号>|…

<过程>::=<动作>|<动作>,…|<主语言的一个过程>

<框架名的值>::=<符号名>|<符号名>(<参数>,…)

<参数>::=<符号名>

其中,框架名和约束都是关键保留字。

上述知识的框架表示方法中,系统预定义槽名可以是系统中预先定义的一些标准槽名,用户不用特别说明即可供构成框架时使用。

3.1.5 面向对象表示法

面向对象表示法将多种单一的知识表示方法(规则、框架等)按照面向对象的程序设计原则组成一种混合知识表达形式,即以对象为中心,将对象的属性、动态行为、领域知识和处理方法等有关知识"封装"在表达对象的结构中。这种方法将对象的概念和对象的性质结合在一起,符合专家对领域对象的认知模式。在大空间或多领域的情况下,从本质上讲,面向对象的知识表示方法是在框架知识表示方法的基础上与语义网络表示结合,应用面向对象概念定义的一种知识表达方法。

1. 对象的组成及结构

面向对象的知识表示方法以"对象"为中心。从广义上讲,所谓"对象"是指客观世界中的任何事物,即任何事物都可以在一定前提下成为被认识的对象,它既可以是一个具体的简单事物,也可以是由多个简单事物组合而成的复杂事物。从问题求解的角度来讲,对象是与问题领域有关的客观事物。由于客观事物都具有其自然属性及行为,因此当把与问题有关的属性及行为抽取出来加以研究时,相应客观事物就在这一属性与行为的背景下成为所关心的对象。一个对象的完整概念是由它所属的类以及该类的一个实例组成的。类在概念上是一种抽象机制,它是对一组相似对象的抽象。具体地说,在一组相似的对象中,会有一些相同的特征(包含部分相同的数据和操作),为了避免相同数据和操作的重复描述及存储,就把共同的部分抽取出来构成一个类。经过类的抽象,一个对象除了对象名外,形式上只剩下体现该对象个性的内部状态,此时的对象成为所属类的一个实例。各对象以它们之间的超类、子类和实力的关系形成一个层次网络。面向对象系统中的继承机制实现了超类、类、子类及对象中的方法和数据的自动共享和表示的一致性,也减少了表示的冗余。

2. 槽的结构

对象的"槽"用来表示对象的数据或属性,它由若干个"侧面"组成,如表 3.1 所示。"槽名"侧面记录了槽的名称,即槽的 ID;"类型"侧面记录了该槽的类型;"类名"侧面列出该类的名称,"超类"侧面列出槽的父类,"子类"侧面列出槽的子类。

表 3.1 槽的基本结构

关系槽	参数槽	方法槽	规则槽
槽名	槽名	槽名	槽名
类型	类型	类型	类型
类名	参数集	方法集	规则集
超类	…	…	…
子类	…	…	…

由表3.1可以看出对象由四类槽组成:关系槽、参数槽、方法槽和规则槽。关系槽,反映出该对象和其他对象的静态关系;参数槽,记录着对象中的所有参数;方法槽,描述了对象参数的操作,如添加、删除、赋值等;规则槽,存储所需用到的产生式规则。

3. 规则的表示

一个对象可以有许多条规则,规则的形式为:

Rule <规则号>

If <前提子句>

…

Then <结论子句>

其中,[…]表示括号中的项可以省略,不同的规则有不同的<规则号>;<前提子句>有两种形式。

形式1:

[and] <对象> is <对象名>

形式2:

[and] <属性> of <对象> <关系> <值> [or <值>] [<权值>]

通常,第一个前提子句省略“and”。形式1的前提子句中,<对象>为规则的变量,前提子句的功能是将<对象名>赋值给该变量。在形式2的前提子句中,<对象>可以是具体的对象名,也可以是规则变量,该变量的值由形式1的前提子句赋予。<关系>还可为“= =”、“>”、“<”、“> =”、“< =”和“! =”。<值>可以是多个,彼此之间用“or”连接。<值>即可以是数字和词汇,也可以是规则变量(此时只能是一个)。

面向对象表示法具有如下优点:

(1)“继承”带来了天然的层次性和结构性。在高层次,对象能封装复杂的行为,使具体细节对该层知识使用保持透明,从而降低问题描述和计算推理的复杂度;通过继承可以减少知识表达上的冗余,知识库的修改、增加、删减以及使用和维护都十分方便;对一个知识单元进行修改不会影响其他单元,每一知识单元中所包含的知识规则是有限的,推理空间小,提高了推理效率。

(2)对象本身的定义产生了良好的兼容性和灵活性,它可以是数据,也可以是方法;可以是事实,也可以是过程;可以是一个框架,也可以是一个语义子网络。

(3)如果用几何语言来描述,面向对象的抽象机制实际上是将对象看成了客观世界及其映射系统的分形元,因而事物都可以由这些分形元堆垒而成。分形的特征首先是不断的细分,这和知识结构的不断扩展是一致的。其次是“比例自相似性”,使得人们有可能“从简单的原则衍生出复杂的系统”。

3.2 农业知识推理

3.2.1 知识推理概述

知识推理是指在计算机或智能系统中,模拟人类的智能推理方式,依据推理控制策略，利用形式化的知识进行机器思维和求解问题的过程。从智能技术的角度来说，所谓推理就是按某种策略从已知判断推出另一种判断的思维过程。智能系统的知识推理过程是通过推理机来完成的，所谓推理机就是智能系统中用来实现推理的程序。推理机的基本任务就是在一定控制策略指导下，搜索知识库中可用的知识与数据库匹配，产生或论证新的事实。搜索和匹配是推理机的两大基本任务。对于一个性能良好的推理机，应有如下基本要求：高效率的搜索和匹配机制；可控制性；可观测性；启发性。

按照标准不同，推理有不同的分类方法。从推理方式上分，可分为演绎推理、归纳推理和默认推理；从推理确定性上分，可分为不确定性推理和确定性推理；从推理单调性上分，可分为单调推理和非单调推理；从推理方法上分，可分为基于规则的推理（Rule-based Reasoning，RBR）、基于模型的推理（Model-based Reasoning，MBR）和基于实例的推理（Case-based Reasoning，CBR）。

1．根据知识推理方式分类

1）演绎推理

演绎推理是从已知的判断出发，通过演绎推出结论，是一种充分置信的推理，是由一般到个别的推理。演绎推理是在已知领域一般性知识的前提下，通过演绎求解一个具体问题或证明一个结论的正确性，所以它所得的结论实际上早就隐含在前提之中，只不过通过演绎将已有的事实揭露出来。因此，一般来说，演绎推理只是一种利用已有知识的推理过程，并不能增加新知识。

2）归纳推理

归纳推理是由一类事物的大量事例推出该类事物普遍规律的一种推理方法。它的基本思想是先从已知事实中猜测一个结论，其后对此结论的正确性加以证明，是一种不充分置信的推理，是一种由个别到一般的推理，因此归纳推理可以增加新知识。例如医生通过大量临床实践积累起诊治某类疾病的经验，就是一种通过归纳推理获得一般性知识的过程；而当他再为某个具体的病人作诊断时，即为演绎推理。常见的归纳推理算法有枚举法、类比法、统计法、差异法等。

（1）简单枚举法。设 $S_1, S_2, \cdots, S_n$ 是某类事物 S 中的具体事物，若已知 $S_1, S_2, \cdots, S_n$ 都有属性 P，并且没有发现反例，当足够大时就可以得出“S 中的所有事物都有属性 P”这一结论。这时从个别事物归纳出一般性知识的方法。

简单枚举法的格局是由一个个事例的枚举进行推理，缺乏深层次分析，故可靠性较差。

（2）类比法。类比法推理的基础是相似原理，当两个或两类事物在许多属性上都相同的条件下，可以推出它们在其他属性上也相同。若用 A 和 B 分别表示两类不同的事物，用 $a_1, a_2, \cdots, a_m, b$ 分别表示不同的属性，则类比归纳法可用下面的格式表示：

①A 和 B 都有属性 $a_1, a_2, \cdots, a_m$。

②A 还有属性 b。

③所以 B 也有属性 b。

类比法的可靠程度取决于两类事物的相同属性与所推导出的属性之间的相关程度。相关程度越高,类比法的可靠性越大。

3)默认推理

默认推理是在知识不完全的情况下假设某些条件已经具备时所进行的推理。

例如,在条件A已成立的情况下,若没有足够的证据能证明条件B不成立,则默认B是成立的,并在此默认的前提下进行推理,推导出某个结论。由于这种推理允许默认某些条件是成立的,这就摆脱了需要知道全部事实才能进行推理的要求,使得在知识不完全的情况下也能进行推理。在默认推理过程中,若在某一时刻发现原先所做的默认不正确,则要撤销所做的默认以及由此默认推出的所有结论,重新按新情况进行推理。

2. 根据知识推理确定性分类

1)确定性推理

若在推理中所用的知识都是精确的,即可以把知识表示成必然的因果关系,然后进行推理,推理的结论或为真、或为假。

2)不确定性推理

在人类知识中,有相当一部分属于人们的主观判断,是不精确的和含糊的。由这些知识归纳出来的推理规则往往是不精确的。基于这种不精确的推理规则进行推理,形成的结论也是不确定的,这种推理就称为不确定性推理。在专家系统中主要使用的是不确定性推理。

3. 根据知识推理单调性分类

1)单调推理

单调推理是指在推理过程随着推理向前推进及新知识的加入,推出的结论呈现单调增加的趋势,并且越来越接近最终目标。一个演绎推理的逻辑系统有一个无矛盾的公理系统,新加入的结论必须与公理系统兼容,因此新的结论与已有的知识不发生矛盾,结论总是越来越多,所以演绎推理是单调推理。

2)非单调推理

非单调推理是指一些新知识的加入可能使某些原先推出的知识变为假的推理。非单调推理的处理过程要比单调推理的过程复杂和困难很多。因为当一项知识加入知识库而必须撤销某些以前已经推出的且已存入知识库的知识时,并非简单地把该项过时的知识去掉,而应将那些在证明时曾依赖被撤销知识的一切陈述撤销,或者再用新数据去证明它们。这种"撤销知识"的连锁反应过程需要反复进行直到不再需要进一步撤销时为止。

需要非单调推理的主要原因是:

(1)由于缺乏完全的知识,只能对部分问题作暂时的假设。这些假设可能是对的,也可能是错的。错了以后要能够在某时刻得到修正,这就需要非单调推理。

(2)客观世界变化太快,某一时刻的知识不能持久使用,这也需要非单调推理来维护知识库的正确性。

4. 根据知识推理方法分类

1)基于实例的推理方法

基于实例的推理是采用过去求解类似问题的成功实例来获取当前设计问题的一种类比推理模式,常用于领域知识不能完全清楚表达的方案设计问题。其推理过程如图 3.1所示,实例库中存储了过去的有关实例,按照一定的方式组织,以便在需要时能被及时取出。首先根据用户的设计要求,把实例的特征和设计要求进行相似匹配,从实例库中提取相似的实例,基于设计知识对相似实例进行评价,根据评价结果决定是否重用该方案或在此基础上提供修改设计意见,直到满足要求,最后得到最终设计结果作为新的实例存储到实例库中,供以后设计使用。

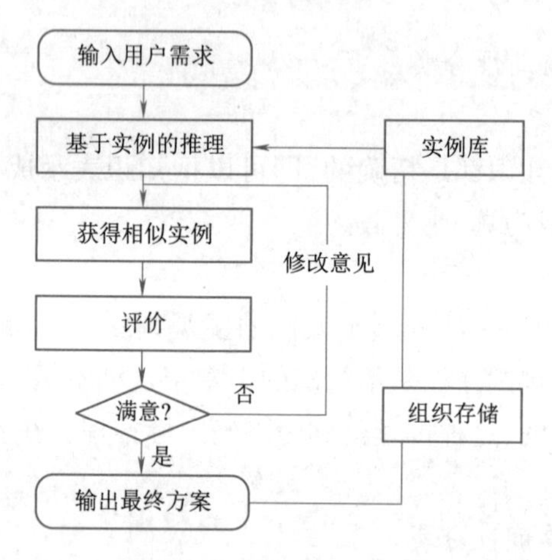

图 3.1 基于实例的推理

基于实例的推理具有以下优点:

(1)实例是以前设计问题的优化结果或满意结果,它本身包含了大量的设计经验知识,克服了一般智能系统知识获取的瓶颈。

(2)基于实例的推理更符合设计专家的设计和认知过程,设计专家在进行设计时,总要考虑以前的设计实例,找出相似设计方案对其进行修改,以获得新的设计实例。

(3)基于实例的推理对过去求解结果的复用,可避免每次从头推导,具有较高的求解效率。

(4)基于实例的推理提供良好的解释和决策机制。

基于实例的推理存在以下缺点:

(1)求解全新问题时,缺乏相似实例推导,推理效率低。

(2)随着实例库的增大,时间和空间复杂性将会提高,影响推理效率。

2)基于规则的推理方法

基于规则的推理是指基于产生式规则知识进行问题推理,常用于领域知识较为完善的情况。它将专家的知识和经验抽象为若干推理过程中的产生式规则,其核心是演绎推理,从一组前提必然推导出某个结论,即三段论。如图 3.2 所示,基于规则的推理一般包括规则库、数据库、解释器、冲突协调器和调度器五部分功能。

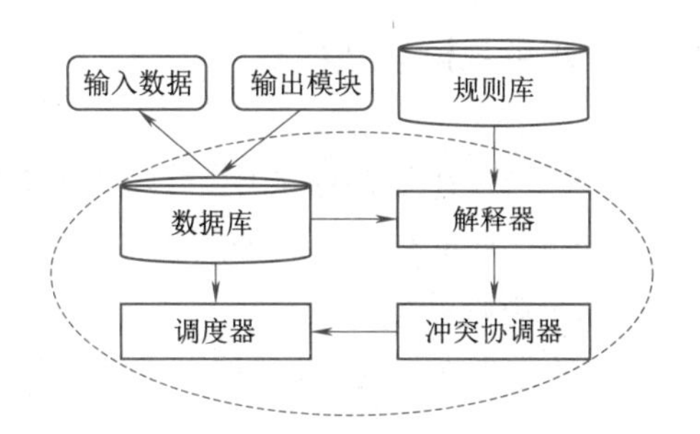

图 3.2 基于规则的推理

图 3.2 中,规则库中存放规则;数据库中存放已知的数据以及推理过程中涉及的中间数据;解释器负责判断规则条件是否成立,检查规则库中有没有 if 项成立的规则,将所有规则搜索出来,交给冲突协调器去判断是否存在冲突;为了解决几条规则同时满足时,是否执行某条规则或者执行哪条规则的问题,需要为每条规则定义一个优先级属性,在多条规则同时满足时,优先级高的规则选出应该执行的规则,调度器负责执行规则的动作,并在满足结束条件时终止推理的执行。

基于规则的推理具有以下优点:

(1)具有很强的推理能力和较高的推理效率。

(2)知识表示形式简单,通常是“If-Then”结构,易于系统实现。

基于规则的推理存在以下缺点:

(1)规则提取困难,尤其对于非结构化的知识组织形式的复杂问题求解较困难。

(2)靠人工“移植”方式获取专家知识,知识获取困难,而且系统自身不主动吸收新知识,因此构造规则库困难大、周期长、扩展难。

(3)基于规则的推理运行效率随规则的增大而迅速降低。

3)基于模型的推理方法

基于模型的推理是根据反映事物内部规律的客观世界的模型进行推理,一般采用结构化的深度领域知识求解问题。基于模型的推理利用作为待解决问题的系统结构或组成要素等的特性、原理或原则,建立数学模型,然后利用该数学模型结合问题的条件,对系统做出推理和判断,以达到解决问题的目的。基于模型的推理的基础是知识模型的建立,客观事物的规律普遍性具有多样性决定了基于模型的推理涉及多种知识模型,如几何关系层次模型、结构—功能—行为模型、神经网络模型等。作为一种深层次的推理方法,其具有以下优点:

(1)适用于解决技术相对成熟的领域问题。

(2)求解中小规模新问题时,具有相对较高的推理效率。

(3)能处理创新问题的解。

基于模型的推理存在以下缺点:

(1)基于模型的推理的知识系统维护十分困难。

(2)基于模型的推理的适用领域能否建立模型的限制,且知识获取和模型建立困难。

(3)基于模型的推理问题求解规模有限。

4)混合推理机制

各种推理方法各具优势与不足,在复杂系统中,针对不同情况对其进行集成已成为目前知识推理系统不言的共识,常见有以下两种集成方法。

(1)基于实例的推理与基于规则的推理集成。

在实际应用中,基于规则的推理在AI技术领域近十几年的发展中是较有基础、理论上较成熟的一种推理模式,一方面较容易为计算机实现,另一方面各领域已形成了一些基础的理论,但是随着深入地研究,基于规则的推理的缺点越来越明显,主要表现在知识获取遇到"瓶颈"问题、容易引起知识爆炸、系统人机交互过程太过烦琐且扩展困难等,而基于实例的推理的兴起正是由于基于规则的推理存在上述不足逐渐引起了广泛的重视。但是,由于基于实例的推理自身也存在不足,即解决问题只凭借经验或实例是不足的,还需要一些原理性的和领域性的深知识,因此,将基于实例的推理与基于规则的推理两种机制结合起来更为有效,更贴近实际的专家解决问题的方式。

基于实例的推理与基于规则的推理集成的最通用的方式可归纳为两种:

①以基于规则的推理为主导,基于实例的推理后置补充的混合模型。

②以基于实例的推理为主导,基于规则的推理后置补充的混合模型。

(2)基于实例的推理与基于模型的推理集成。

基于实例的推理适合求解常见问题,基于模型的推理在求解中小型新问题时优势明显,但求解大的问题时,基于实例的推理无相似实例可循,将两者集成通过某些局部模型的建立,有利于控制系统的复杂性,从而提高系统的推理效率,更好地解决此类问题。

目前,基于实例的推理与基于模型的推理集成的最通用的方式可归纳为三种:

①以基于模型的推理组织问题的求解框架,将基于实例的推理结合起来。

②以基于实例的推理组织问题的求解框架,在其推理过程中对某些技术环节,采用基于模型的推理进行求解。

③基于实例的推理、基于模型的推理分别用于系统的不同模块,独立实现各自的功能。

3.2.2 基于规则的系统

基于规则的系统(Rule-Based System)基于产生式规则知识进行问题推理,因此又把此类系统称为产生式系统(Production System)。是由波斯特(Post)于1943年提出的产生式规则(Production Rule)而得名。人们用这种规则对符号串进行置换运算。1965年美国的纽厄尔和西蒙利用这个原理建立了一个人类的认知模型。同时,斯坦福大学利用产生式系统结构设计出第一个专家系统DENDRAL。

产生式系统用来描述若干个不同的以一个基本概念为基础的系统。这个基本概念就是产生式规则或产生式条件和操作对的概念。在产生式系统中,论域的知识分为两部分:用事实表示静态知识,如事物、事件和它们之间的关系;用产生式规则表示推理过程和行为。

推理与知识表示方法直接相关,产生式规则表示方法提供了最基本的推理模式。它与框架、谓词逻辑等其他表示方法相结合,可提供功能更强、更灵活的推理方法。产生式系统的表达自然直观,便于推理,可进行模块化处理,格式清晰,设计和检测方便,表示灵活,因而曾得到广泛应用。不过,产生式系统因求解效率低和无法表示结构性知识,使其不适用于求解复杂系统。

1. 产生式系统的组成

产生式系统由三部分组成,即综合数据库或全局数据库、规则库和推理机。各部分间的关系如图 3.3 所示。

1)规则库

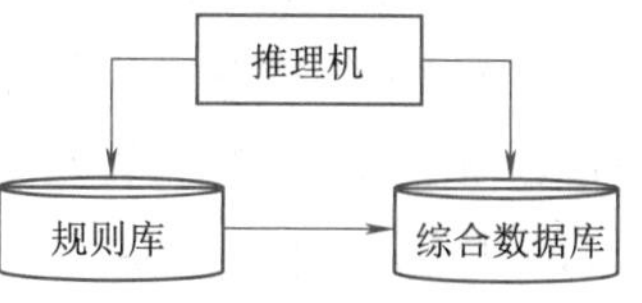

图 3.3　产生式系统的主要组成

规则库就是用于描述某领域内知识的产生式集合,是某领域知识(规则)的存储器,其中的规则是以产生式形式表示的。规则库中包含着将问题从初始状态转换成目标状态(或解状态)的那些变换规则。规则库是专家系统的核心,也是一般产生式系统赖以进行问题求解的基础,其中知识的完整性和一致性、知识表达的准确性和灵活性以及知识组织的合理性,都将对产生式系统的性能和运行效率产生直接影响。

2)综合数据库

综合数据库又称事实库,用于存放输入的事实、从外部数据库输入的事实以及中间结果(事实)和最后结果的工作区。当规则库中的某条产生式的前提可与综合数据库中的某些已知事实匹配时,该产生式就被激活,并把用它推出的结论放入综合数据库中,作为后面推理的已知事实。显然,综合数据库的内容是在不断变化的,是动态的。

3)推理机

推理机是一个或一组程序,用来控制和协调规则库与综合数据库的运行,包含了推理方式和控制策略。控制策略的作用就是确定选用什么规则或如何应用规则。通常从选择规则到执行操作分三步完成:匹配、冲突解决和操作。

(1)匹配。匹配就是将当前综合数据库中的事实与规则中的条件进行比较,如果相匹配,则这一规则称为匹配规则。因为可能同时有几条规则的前提条件与事实相匹配,究竟选哪一条规则去执行?这就是规则冲突解决。通过冲突解决策略选中的在操作部分执行的规则称为启用规则。

(2)冲突解决。冲突解决的策略有很多种,其中专一性排序、规则排序、规模排序和就近排序是比较常见的冲突解决策略。

①专一性排序。某一条规则条件部分规定的情况比另一条规则条件部分规定的情况更有针对性,则这条规则有较高的优先级。

②规则排序。规则库中规则的编排顺序本身就表示规则的启用次序。

③规模排序。按规则条件部分的规模排列优先级,优先使用较多条件被满足的规则。

④就近排序。把最近使用的规则放在最优先的位置，即那些最近经常被使用的规则的优先级较高。这是一种人类解决冲突最常用的策略。

(3)操作。操作就是执行规则的操作部分，在经过操作以后，当前的综合数据库将被修改，其他的规则将可能成为启用规则。

2. 产生式系统的推理方式

产生式系统的推理方式有正向推理、反向推理和双向推理三种。

正向推理是指从已知的事实出发，向结论方向推导，直到推出正确的结论。这种方式又称事实驱动方式，它的大体过程是：系统根据用户提供的原始信息与规则库中规则的前提条件进行匹配，若匹配成功，则将该知识块的结论部分作为中间结果，利用这个中间结果继续与知识库中的规则进行匹配，直到得出最后的结论。与其他推理方式相比，正向推理简单，容易实现，但在推理过程中常常要用到回溯，使推理速度较慢，且目的性不强，不能反推。

反向推理从目标出发，沿着推理路径回溯到事实。它从一般性开始，逐步涉及细节，即它是通过求解较小的子问题达到求解较大问题的目标。反向推理通过收集越来越详细的证据以求证实一种情况或假设，当用户提供的数据与系统所需要的证据完全匹配成功时，则推理成功，所作假设也就得到了证实。反向推理一般用于验证某一特定规则是否成立。这种推理方式又称目标驱动方式，与正向推理相比，反向推理具有很强的目的性。

双向推理是指先根据给定的不充分的原始数据或证据向前推理，得出可能成立的结论，然后以这些结论为假设，进行反向推理，寻找支持这些假设的事实或证据。双向推理一般用于以下几种情形：

(1)已知条件不足，用正向推理不能激发任何一条规则。

(2)正向推理所得的结果可信度不高，用反向推理来求解更确切的答案。

(3)由已知条件查看是否还有其他结论存在。

双向推理集中了正向推理和反向推理的优点，更类似于人们日常进行决策时的思维模式，求解过程也更容易为人们所理解，但其控制策略较前两种更为复杂，这种方式常用来实现复杂问题的求解。

第 4 章 机器学习

实现智能农业生产的关键是如何实现农业领域的智能信息处理，计算机如何基于获取到的各类数据进行分析和挖掘出有价值的信息，进而应用于农业生产各个环节？机器学习作为核心技术发挥着基础和关键性作用。

4.1 概 述

机器学习(Machine Learning,ML)是一门多领域交叉学科，涉及概率论、统计学、逼近论、凸分析等多门学科，专门研究计算机如何模拟或实现人类的学习行为，以获取新的知识或技能，重新组织已有的知识结构使之不断改善自身的性能。它是人工智能的核心，是使计算机具有智能的根本途径，其应用遍及人工智能的各个领域。

由于近二十年来科技的快速发展，机器学习已经成为一门十分活跃并且充满生命力的学科。它致力于研究如何通过计算的手段，利用经验来改善系统自身的性能。机器学习的核心是学习。关于学习，至今没有一个精确的、能被公认的定义。这是因为进行这一研究的人们分别来自不同的学科，更重要的是学习是一种多侧面、综合性的心理活动，它与记忆、思维、知觉、感觉等多种心理行为有着密切的联系，使得人们难以把握学习的机理与实现。目前在机器学习研究领域影响较大的是 H. Simon 的观点：学习是系统中的任何改进，这种改进使得系统在重复同样的工作或进行类似的工作时，能完成得更好。学习的基本模型就是基于这一观点建立起来的。机器学习就是要使计算机能模拟人的学习行为，自动地通过学习获取知识和技能，不断改善性能，实现自我完善。机器学习研究的是如何使机器通过识别和利用现有知识来获取新知识和新技能。作为人工智能的一个重要的研究领域，机器学习的研究工作主要围绕学习机理、学习方法、面向任务这三个基本方面的研究。

4.2 领域的机器学习算法

随着计算机技术的普及，服务器和微处理器成本的降低，机器学习也逐渐推广到农业领域，并以此重塑现代农业的格局。例如利用卫星遥感、气象云图、无人机采集图像、物联网监测数据以及人工实测数据，通过图像识别系统和机器学算法，得出生产相关的数据结论，服务于农机调配、农业自然灾害和病虫害预防及植保方案、农业精细化作业等领域。

4.2.1 示例学习

示例学习又称概念获取或从例子中学习，它隶属于归纳学习。

归纳学习也是研究最广的一种符号学习方法，它表示从例子设想得到假设的过程。归纳是从个别到一般、从部分到整体的一类推论行为。由于在进行归纳时，大多情况下不可能考查所有的事例，因而归纳得到的结果往往不能保证其结论绝对正确，这也是归纳学习的一个特征，在进行归纳学习时，学习者从所提供的事实或观察到的假设进行归纳推理，获得某个概念。归纳学习也可按其有无教师指导分为示例学习、观察与发现学习两种。

示例学习通过从环境中取得若干与某概念有关的例子，经归纳得出一般性概念的一种学习方法。在这种学习方法中，外部环境（教师）提供的是一组例子（正例和反例），这些例子实际上是一组特殊的知识，每一个例子表达了仅适用于该例子的知识，示例学习就是要从这些特殊知识中归纳出适用于更大范围的一般性知识，它将覆盖所有的正例并排除所有反例。图 4.1 所示为示例学习的一个模型。

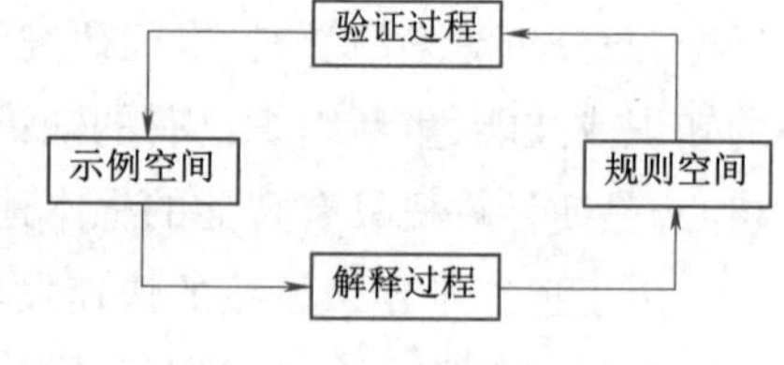

图 4.1 示例学习模型

其中：

示例空间：是人们向系统提供的示教例子的集合。

解释过程：从搜索到的示例中抽象出一般性的知识归纳过程。

规则空间：是事物所具有的各种规律的集合。

验证过程：要从示例空间中选择新的示例，对刚刚归纳出的规则做进一步的验证和修改。

在示例学习系统中，有两个重要概念，即示例空间和规则空间。示例空间就是人们向系统提供的训练例集合。规则空间是例子空间所潜在的某种事物规律的集合，学习系统应该从大量的训练例中自行总结出这些规律。可以把示例学习看成是选择训练例去指导规则空间的搜索过程，直到搜索出能够准确反映事物本质的规则为止。1974 年，Simon 和 Lea 提出的通过示例学习的双空间模型如图 4.2 所示。

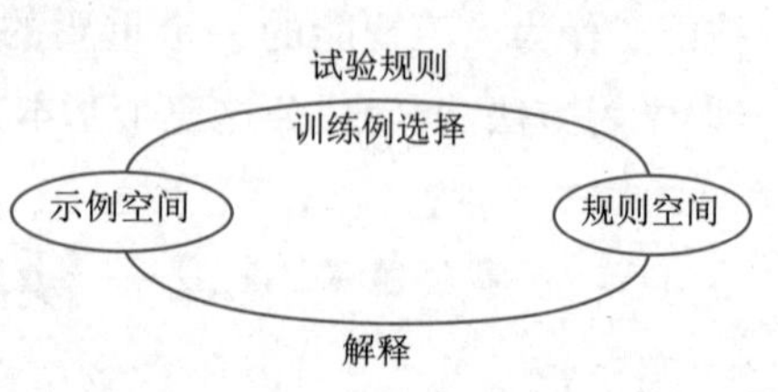

图 4.2 示例学习的双空间模型

示例学习的解释方法是指解释过程从具体示例形成一般性知识所采用的归纳推理方法，常用的方法有以下四种：

（1）把常量转换为变量。把示例中的常量换成变量而得到一般性的规则。

(2)去掉条件。把示例中某些无关的子条件舍去。

(3)增加选择。在析取条件中增加一个新的析取项。常用的增加析取项的方法有条件析取法和内部析取法两种。

(4)曲线拟合。对数值问题的归纳可采用最小二乘法进行曲线拟合。

下面引入相关文献中常见的一个例子进行举例说明：

假设例子空间中有以下两个关于扑克中"同花"概念的示例：

示例1：花色(c1，梅花)∧花色(c2，梅花)∧花色(c3，梅花)∧花色(c4，梅花)∧花色(c5，梅花)→同花(c1，c2，c3，c4，c5)表示5张梅花牌是同花。

示例2：花色(c1，红桃)∧花色(c2，红桃)∧花色(c3，红桃)∧花色(c4，红桃)∧花色(c5，红桃)→同花(c1，c2，c3，c4，c5)表示5张红桃牌是同花。

解释过程如下：

(1)把常量化为变量。例如对这两个示例，只要把梅花和红桃用x代替，就可得如下一般规则：

规则1：花色(c1，x)∧花色(c2，x)∧花色(c3，x)∧花色(c4，x)∧花色(c5，x)→同花(c1，c2，c3，c4，c5)。

(2)去掉条件。这种方法是要把示例中的某些无关子条件舍去，例如以下示例：

示例3：花色(c1，红桃)∧点数(c1，2)∧点花色(c1，红桃)∧点数(c1，2)花色(c1，红桃)∧点数(c1，2)∧点花色(c1，红桃)∧点数(c1，2)∧点花色(c1，红桃)∧点数(c1，2)→同花(c1，c2，c3，c4，c5)，为了学习同花的概念，除了把常量变成变量外，还需要把与花色无关的点数子条件舍去，这样会得到规则1。

(3)增加选择。在析取条件中增加一个新的析取项。包括前条件析取法和内部析取法。前条件析取法是通过示例的前条件的析取来形成知识。例如：

示例4：点数(c1，J)→脸(c1)。

示例5：点数(c1，Q)→脸(c1)。

示例6：点数(c1，K)→脸(c1)。

此处"脸"指牌面为脸牌，将各示例的前条件进行析取，就可得到以下规则：

规则2：点数(c1，J)∨点数(c1，Q)∨点数(c1，K)→脸(c1)。

示例7：点数 c1∈{J}→脸(c1)。

示例8：点数 c1∈{Q}→脸(c1)。

示例9：点数 c1∈{K}→脸(c1)。

用内部析取法可得到以下规则：

规则3：点数 c1∈{J，Q，K}→脸(c1)。

(4)曲线拟合。对数值问题的归纳可采用曲线拟合法。假设示例空间每个示例(x，y，z)都是输入x、y与输入z之间关系的三元组，例如，有以下三个示例：

示例10：(0，2，7)。

示例11：(6，-1，10)。

示例12:(−1, −5, −16)。

使用最小二乘法进行曲线拟合,可得 x、y、z 之间的关系规则:

规则4: $z = 2x + 3y + 1$。

在示例学习常用方法的前三种方法中,方法(1)是把常量转换为变量,方法(2)是去掉合取项(约束条件),方法(3)是增加析取项,它们都是扩大条件的适用范围。示例学习的学习过程如下:

(1)从示例空间(环境)中选择合适的训练示例。

(2)经解释归纳出一般性的知识。

(3)再从示例空间中选择更多的示例对它进行验证,直到得到可实用的知识为止。

4.2.2 决策树

决策树是机器学习的一类常见算法,其核心思想是通过构建一个树状模型来对新样本进行预测。树的叶节点是预测结果,而所有非叶节点皆是一个个决策过程,从根节点到叶子节点的每一个路径代表一条分类规则。决策树常用来处理分类的问题。图4.3所示为一棵决策树。

整个数据集的分类结果有1、2、3三类,当属性 A 取 a_1, B 取 b_2, D 取 d_1 时它属于第2类。决策树方法的一般流程如图4.4所示。

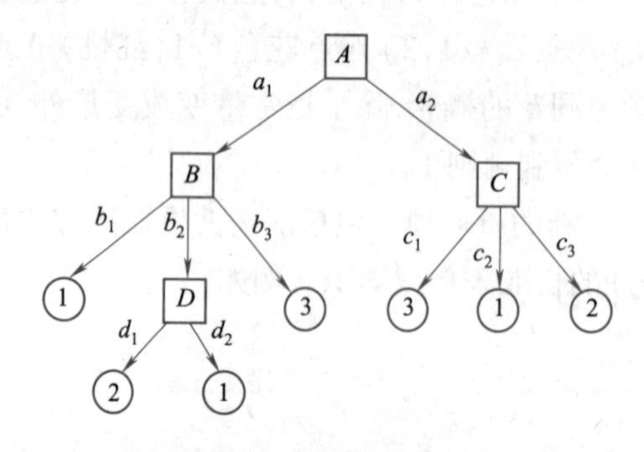

图4.3 决策树示例图

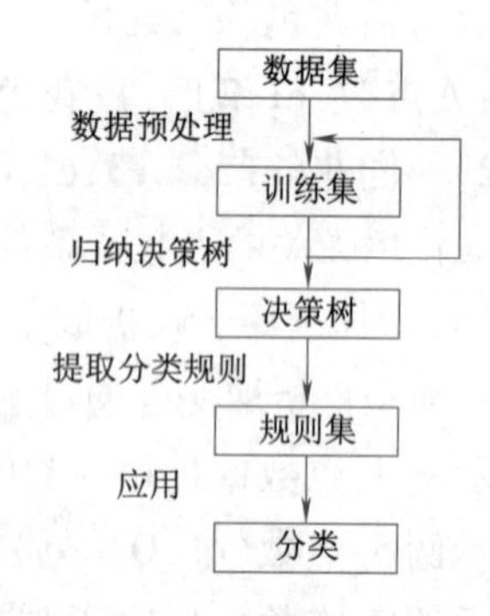

图4.4 决策树方法的一般流程

如何由数据集训练得到决策树结构是成功利用决策树方法的关键,一个基本的决策树归纳生成算法如下:

算法 DTree(Example, AttriList)根据训练样本集生成一棵决策树,Example 是训练样本集,是可供归纳的候选属性集。

输入:训练样本集,各属性取值均为离散值。

输出:返回一棵能正确分类训练样本集的决策树。

处理过程如下:

(1)创建决策树的根节点 R。

(2)If 所有样本均为同一类别 C,则返回 R 作为一个叶子节点并标记为 C 类别。

(3)Else if AttriList 为空,则返回 C 作为一个叶子节点,并标记为该节点所含样本中类别最多的类别。

(4)Else 从 AttriList 中选择一个分类 Example 能力最好的属性 Attribute*,标记为根节点 R。

(5)For Attribute* 中的每一个已知取值 V_i,根据 Attribute* $=V_i$,从根节点产生相应的一个分支。

(6)设 S_i 为具有 Attribute* $=V_i$ 条件所获的样本子集:If S_i 为空,则将相应的叶子节点标记为该点所含样本中类别最多的类别;否则 Else 递归创建子树,调用 DTree(S_i, AttriList-Attribute*)。

以上算法是一个自顶向下构造决策树的过程,在每个节点生成时选取能够最好对样本分类的属性,直到这棵树能够完整分类训练样本数据或者所有属性已被用完,算法成功的关键在于每一次属性 Attribute 的选取。

算法递归执行的终止条件为:

(1)根节点对应的所有样本均为同一类别。

(2)假若没有属性可以用于对当前样本子集的划分,则通过投票法将当前节点强制为叶子节点,并利用当前样本集中占统治地位的类别对该节点进行标记。

(3)若没有样本满足 Attribute* $=V_i$,则创建一个叶子节点,并利用当前样本集中占统治地位的类别对该叶子节点进行标记。

1. 剪枝策略

剪枝是决策树学习算法解决过度拟合的主要手段。在决策树的学习过程中,为了尽可能正确地分类训练样本,节点划分过程不断重复,有时会造成决策树的分支过多,这时就可能因训练样本学得“太好”,导致把训练集本身的一些特点作为所有数据都有的一般性质(实际上新数据中可能没有这些特点),从而导致过拟合。因此可以主动去掉一些分支来降低过拟合的风险。决策树的剪枝可分为预剪枝和后剪枝。

预剪枝,是指在决策树生成过程中,对每个节点在划分前先进行估计,若当前的节点划分不能带来决策树泛化能力的提升,则停止划分并将当前节点标记为叶子节点。在预剪枝中,泛化能力的计算依赖于验证数据集。验证精度的计算是将验证数据集输入决策树模型进行判别,取正例样本数量与验证集样本数量的比值(百分比)。划分前验证精度由上一步计算给出。泛化能力的提高与否,要对比划分前后验证集的大小。预剪枝基于“贪心”的本质禁止这些分支的展开,从而给预剪枝决策树带来欠拟合的风险。

后剪枝,是指先从训练数据集中生成一棵完整的决策树,然后自底向上对非叶子节点进行考察,若将该节点对应的子树替换为叶子节点能够带来决策树泛化能力的提升,则将该节点替换为叶子节点。主要过程为将验证集输入到决策树算法,计算出剪枝前的验证精度;然后,找到最底下的非叶子节点,(模拟)将其领先的分支去除,取其中数量最大的分类作为该节点的判别标记;最后计算剪枝后的验证精度。通过对比剪枝前后的验证精度,来确定是否需要进行剪枝。

2. 连续与缺失值

在前边提到的决策树处理逻辑中，属性使用的都是离散值，当遇到属性是连续或缺失时，分别进行如下处理：

1）连续值处理

对于连续值属性，一个合适的处理逻辑是：将连续值转换为离散值。需要做的是将训练样本中该属性的所有取值进行排序，并对排好序的取值队列进行分区划分，每一个分区即为该属性的一个离散点取值。

取二分法（即分为两个分区，可以根据需要分为 $n \geqslant 2$ 个）进行描述。以身高划分为例，训练集中身高数据取值（cm）排序如下：

{160，163，168，170，171，174，177，179，180，183}

因为是二分法，只需要找到一个划分点即可。每个划分点可放在两个取值之间，也可放在一个取值之上，这里取两个取值之间的中位数。那么上面例子中可选的划分点为{161.5，165.5，169，170.5，172.5，175.5，178，179.5，181.5}。

根据不同的划分，可以分别计算信息增益的大小，然后选出一个最好的划分。

需注意的是，与离散值不同，连续值的划分是可以在子节点上继续划分的。例如将身高划分为“小于 175 cm”和“大于等于 175 cm”两部分，对于“小于 175 cm”的子节点，仍然可以继续划分为“小于 160 cm”和“大于 160 cm”两部分。

2）缺失值处理

属性缺失时，需要处理两种问题：

（1）如何在属性值缺失的情况下进行属性划分选择。不将缺失值的样本代入选择判断的公式计算（信息增益、增益率、基尼系数）中，只在计算完成后乘以一个有值的样本比例即可。比如训练集有 10 个样本，在属性 a 上，有两个样本缺失值，那么计算该属性划分的信息增益时，可以忽略这两个缺失值的样本来计算信息增益，然后在计算结果上乘以 8/10 即可。

（2）若一个样本在划分属性上的值为空，它应该被分在哪个子节点中。若样本 x 在划分属性 a 上取值未知，则将 x 划入所有子节点，但是对划入不同子节点中的 x 赋予不同的权值（不同子节点上的不同权值一般体现为该子节点所包含的数据占父节点数据集合的比例）。

3. 常用的决策树构造算法

常用的决策树算法主要有 ID3、C4.5 和 CART，其中 ID3 是基于信息增益来选择划分属性；C4.5 不直接使用增益率来选择划分属性，而是使用一种启发式：先从候选划分属性中选取信息增益高于平局水平的属性，再从中选择增益率最高的；CART（Classification and Regression Tree）算法使用基尼系数来代替信息增益比。

1）ID3 算法

ID3 算法由 Ross Quinlan 发明，建立在“奥卡姆剃刀”的基础上：越是小型的决策树越优于大的决策树（be simple 简单理论）。ID3 算法中根据信息增益评估和选择特征，每次选择信息增益最大的特征作为判断模块建立子节点。ID3 算法可用于划分标称型数据集,没有剪枝的过程,为了去除过度数据匹配的问题,可通过裁剪合并相邻的无法产生大量信息增益的叶子节点(例如设置信息增益阈值)。使用信息增益其实有一个缺点,即它偏向于具有较多取值的属性。就是说在训练集中,某个属性所取的不同值的个数越多,那么越有可能拿它来作为分裂属性,而这样做有时是没有意义的,另外 ID3 不能处理连续分布的数据特征。

2)C4.5 算法

C4.5 算法用信息增益率来选择属性,继承了 ID3 算法的优点,并在以下几方面对 ID3 算法进行了改进:克服了用信息增益选择属性时偏向选择取值多的属性的不足;在树构造过程中进行剪枝;能够完成对连续属性的离散化处理;能够对不完整数据进行处理。

C4.5 算法产生的分类规则易于理解、准确率较高;但效率低,因树构造过程中,需要对数据集进行多次的顺序扫描和排序。因为必须多次数据集扫描,C4.5 只适合能够驻留于内存的数据集。在实现过程中,C4.5 算法在结构与递归上与 ID3 完全相同,区别只在于选取决策特征时的决策依据不同,二者都有贪心性质:即通过局部最优构造全局最优。

3)CART 算法

CART 是 Breiman 等人在 1984 年提出的,是一种应用广泛的决策树算法,不同于 ID3 与 C4.5,CART 为一种二分决策树,每次对特征进行切分后只会产生两个子节点,而 ID3 或 C4.5 中决策树的分支是根据选定特征的取值来切分的,切分特征有多少种不同取值,就有多少个子节点(连续特征进行离散化即可)。CART 算法考虑到每个节点都有成为叶子节点的可能,对每个节点都分配类别。分配类别的方法可以用当前节点中出现最多的类别,也可以参考当前节点的分类错误或者其他更复杂的方法。CART 算法仍然使用后剪枝。在树的生成过程中,多展开一层就会有多一些的信息被发现,CART 算法运行到不能再长出分支为止,从而得到一棵最大的决策树,然后对这棵大树进行剪枝。

CART 算法由以下两步组成:

(1)决策树生成。基于训练数据集生成决策树,生成的决策树要尽量大。

(2)决策树剪枝:用验证数据集对已生成的树进行剪枝并选择最优子树,这时损失函数最小作为剪枝的标准。

CART 决策树的生成就是递归地构建二叉决策树的过程。CART 决策树既可用于分类也可用于回归。

4.2.3　统计学习

统计学习是关于计算机基于数据构建概率统计模型并运用模型对数据进行预测与分析的一门学科,也称统计机器学习。把机器学习理解为从观测数据(样本)出发寻找规律,利用这些规律对未来数据或无法观测的数据进行预测。针对有限样本下的机器学习问题,Vapnik 等人提出了统计学习理论(Statistical Learning Theory)。随着来自不同领域的学者对统计学习理论更加深入的研究和广泛的应用,它已发展成为一门涵盖模式识别、函数逼近论、生物医学、数据挖掘、线性及非线性优化等众多学科交叉的边缘学科。

统计学习的对象是数据,它从数据出发,提取数据的特征,抽象出数据的模型,发现数据中的知识,又回到对数据的分析与预测中去。统计学习关于数据的基本假设是同类数据具有一定的统计规律性,这是统计学习的前提。

统计学习的目的就是考虑学习什么样的模型和如何学习模型。统计学习方法包括模型的假设空间、模型选择的准则以及模型学习的算法。

实现统计学习的步骤如下:

(1)得到一个有限的训练数据集合。

(2)确定包含所有可能的模型的假设空间,即学习模型的集合。

(3)确定模型选择的准则,即学习的策略。

(4)实现求解最优模型的算法,即学习的算法。

(5)通过学习方法选择最优模型。

(6)利用学习的最优模型对新数据进行预测或分析。

1. 统计学习三要素

统计学习 = 模型 + 策略 + 算法。

1)模型

统计学习中,首先要考虑学习什么样的模型。在监督学习中,模型就是所要学习的条件概率分布或决策函数,由决策函数表示的模型为非概率模型;由条件概率分布表示的模型为概率模型。

(1)非概率模型。假设空间 F 是决策函数集合,F 定义如下:$F = \{f \mid Y = f(X)\}$,F 通常是由一个参数向量决定的函数簇:$F = \{f \mid Y = f_\theta(X), \theta \in \mathrm{R}^n\}$,其中参数向量 θ 取之于 n 维欧式空间 R^n,称为参数空间。

(2)概率模型。假设空间 F 也可以定义为条件概率的集合:$F = \{P \mid P(Y|X)\}$,F 通常是由一个参数向量决定的条件概率分布簇:$F = \{P \mid P_\theta(Y|X), \theta \in \mathrm{R}^n\}$,其中参数向量 θ 取之于 n 维欧式空间 R^n,称为参数空间。

2)策略

有了模型的假设空间,统计学习接着需要考虑的是按照什么样的准则学习或选择最优的模型。监督学习实际上就是一个经验风险或者结构风险函数的最优化问题。风险函数度量平均意义下模型预测的好坏,模型每一次预测的好坏用损失函数来度量。

监督学习问题就是从假设空间 F 中选择模型 f 作为决策函数,对于给定的输入 X,由 $f(X)$ 给出相应的输出 Y,这个输出的预测值 $f(X)$ 与真实值 Y 可能一致也可能不一致,用一个损失函数来度量预测错误的程度。损失函数记为 $L[Y, f(X)]$。常用的损失函数有以下几种:

(1)0 -1 损失函数:$L[Y,f(X)] = \begin{cases} 1, Y \neq f(X) \\ 0, Y = f(X) \end{cases}$

(2)平方损失函数:$L[Y,f(X)] = [Y - f(X)]^2$

(3)绝对损失函数:$L[Y,f(X)] = |Y - f(X)|$

(4)对数损失函数:$L[Y,p(Y|X)] = -\log p(Y|X)$

给定一个训练数据集:$T = \{(x_1,y_1),(x_2,y_2),\cdots,(x_N,y_N),\}$

模型$f(X)$关于训练数据集的平均损失称为经验风险,如下:

$$R_{emp}(f) = \frac{1}{N}\sum_{i=1}^{N} L[y_i,f(x_i)]$$

关于如何选择模型,监督学习有两种策略,经验风险最小化和结构风险最小化。经验风险最小化的策略认为,经验风险最小的模型就是最优的模型,则按照经验风险最小化求解最优模型就是求解如下优化问题:

$$\min_{f \in F} \frac{1}{N}\sum_{i=1}^{N} L[y_i,f(x_i)]$$

当样本容量很小时,经验风险最小化策略容易产生过拟合现象,结构风险最小化可以预防过拟合。结构风险是在经验风险的基础上加上表示模型复杂度的正则化项或者惩罚项。结构风险定义如下:

$$R_{srm}(f) = \frac{1}{N}\sum_{i=1}^{N} L[y_i,f(x_i)] + \lambda J(f)$$

其中,$J(f)$为模型的复杂度,模型f越复杂,$J(f)$的值就越大;模型越简单,$J(f)$的值就越小。也就是说$J(f)$是对复杂模型的惩罚,$\lambda >= 0$是系数,用以权衡经验风险和模型复杂度,结构风险最小化的策略认为结构风险最小的模型是最优的模型,所以求解最优的模型就是求解如下最优化的问题:

$$\min_{f \in F} \frac{1}{N}\sum_{i=1}^{N} L[y_i,f(x_i)] + \lambda J(f)$$

这样监督学习就变成了经验风险或者结构风险函数的最优问题。

3)算法

统计学习问题归结为以上的最优化问题,这样,统计学习的算法就是求解最优化问题的算法。如果最优化问题有显式的解析解,这个最优化问题就比较简单,但通常这个解析解不存在,所以就需要利用数值计算的方法来求解。统计学习可以利用已有的最优化算法,也可以开发独自的最优化算法。

2. 模型评估与模型选择

当损失函数给定时,基于损失函数的模型的训练误差和模型的测试误差就自然成为学习方法评估的标准。

训练误差是模型$Y = f(x)$关于训练数据集的平均损失:

$$R_{emp}(f) = \frac{1}{N}\sum_{i=1}^{N} L[y_i,f(x_i)]$$

测试误差是模型$Y = f(x)$关于测试数据集的平均损失:

$$e_{test} = \frac{1}{N'}\sum_{i=1}^{N'} L[y_i, f(x_i)]$$

当损失函数为0－1损失函数时，测试误差实际上就是测试数据集上的误差率：

$$e_{test} = \frac{1}{N'}\sum_{i=1}^{N'} I[y_i \neq f(x_i)]$$

其中，I是指示函数，括号中的值为真时，I的值为1；为假时，I的值为0。相应的准确率为

$$r_{test} = \frac{1}{N'}\sum_{i=1}^{N'} I[y_i = f(x_i)]$$

显然有

$$e_{test} + r_{test} = 1$$

通常，测试误差越小的方法具有更好的预测能力，学习方法对未知的数据的预测能力称为泛化能力。

假设存在真模型，即完美模型，模型的选择要选择与真模型参数个数相同、参数向量相近的模型。如果一味追求提高模型对训练数据的预测能力，容易造成过度拟合，即学习得到的模型比真模型参数多，这样的模型泛化能力很弱。

3. 支持向量机

支持向量机（Support Vector Machine，SVM）是一种监督学习方法，它被广泛应用在回归及分类问题中。由于统计学习理论的发展，在1995年由Vapnik和Corinna Cortes提出，它的提出，解决了传统方法中遇到的问题，用于解决非线性、小样本和高维问题，并且根据实践检验，在这些方面都表现出了良好的性能，因此成为机器学习领域中重要的组成部分。

支持向量机是众多机器学习算法中的一个分类算法，它主要解决的是如何对样本进行分类的问题。支持向量机可以简单地描述为这样一个过程，对样本数据进行分类，实际上就是求解决策函数。首先需要找到最大分类间隔，进而确定最优分类超平面，将分类问题转化为一个二次规划问题求解，运用Lagrange优化方法，将原问题转变为它的对偶问题，进而转化为一个凸二次规划问题，在特征空间中求解最优解。在这个过程中，如果样本点是线性不可分的，需要引入松弛变量，进而求解优化问题。若出现样本是非线性的，核函数的使用很好地解决了这一难题，并且避免了维数灾难的发生。

支持向量机是从线性可分情况下的最优分类超平面（Optimal Separating Hyperplane，OSH）发展而来的。所谓的最优分类超平面，就是说在所有分类超平面中，它是分类效果最好的。就是说，对于样本空间中的数据，这个超平面能够准确地把样本分开，并且不存在错误分类的情况，且空间中最靠近超平面的点到超平面的距离是最大的，这个距离为分类间隔，这时的超平面就称为最优分类超平面。对于支持向量机而言，就是寻找使分类间隔最大的最优分类超平面，符合结构风险最小化原则，前者是为了保证经验风险值最小（为0），后者是尽量使推广性的界中的置信范围最小，从而尽

量降低实际风险。

下面简要介绍样本点线性可分时的线性支持向量机。假设给定 n 个线性可分的训练样本，将其表示为$(\boldsymbol{x}_1, y_1), (\boldsymbol{x}_2, y_2), \cdots, (\boldsymbol{x}_n, y_n)$，其中 $\boldsymbol{x}_i \in \mathbf{R}^d, y_i \in \{+1, -1\}, i = 1, 2, 3, \cdots, n$。假设当 $\boldsymbol{x}_i$ 属于正类时，$y_i = +1$，当 $\boldsymbol{x}_i$ 属于负类时，$y_i = -1$。则样本空间中必存在一个超平面，如下：

$$\boldsymbol{w}^{\mathrm{T}}\boldsymbol{x} + \boldsymbol{b} = \mathbf{0}$$

通过该超平面可以将两类样本完全分开，其中 $\boldsymbol{x} \in \mathbf{R}^d$，$\boldsymbol{b}$ 为阈值，$\boldsymbol{w}$ 为超平面的法向量。

相应的分类决策函数如下：

$$f(\boldsymbol{x}) = \mathrm{sign}(\boldsymbol{w}^{\mathrm{T}}\boldsymbol{x} + \boldsymbol{b})$$

支持向量机学习的基本思想就是求解能够正确划分训练数据集并且几何间隔最大的分离超平面，可以将该问题抽象为如下数学表达式：

$$\max_{\boldsymbol{w}, \boldsymbol{b}} \frac{\tilde{r}}{\|\boldsymbol{w}\|}$$

$$\text{s. t.} \quad y_i(\boldsymbol{w}\boldsymbol{x}_i + \boldsymbol{b}) \geqslant \tilde{r}$$

函数间隔 $\tilde{r}$ 的取值并不影响最优化问题的解，因此可取 $\tilde{r} = 1$，则上述问题转化为

$$\max_{\boldsymbol{w}, \boldsymbol{b}} \frac{1}{\|\boldsymbol{w}\|}$$

$$\text{s. t.} \quad y_i(\boldsymbol{w}\boldsymbol{x}_i + \boldsymbol{b}) - 1 \geqslant 0$$

进而可将上述最大化问题转化为最小化问题（凸二次规划问题）：

$$\min_{\boldsymbol{w}, \boldsymbol{b}} \frac{1}{2}\|\boldsymbol{w}\|^2$$

$$\text{s. t.} \quad y_i(\boldsymbol{w}\boldsymbol{x}_i + \boldsymbol{b}) - 1 \geqslant 0$$

进一步通过引进拉格朗日函数将问题处理为

$$L(\boldsymbol{w}, \boldsymbol{b}, \alpha) = \frac{1}{2}\|\boldsymbol{w}\|^2 - \sum_{i=1}^{N} \alpha_i y_i (\boldsymbol{w}\boldsymbol{x}_i + \boldsymbol{b}) + \sum_{i=1}^{N} \alpha_i$$

此处 $\alpha_i \geqslant 0 (i = 1, 2, 3, \cdots, n)$ 是与第 i 个样本对应的乘子，进一步可将原问题转化为一个二次规划问题：

$$Q(\alpha) = \sum_{i=1}^{n} \alpha_j - \frac{1}{2}\sum_{i,j=1}^{n} \alpha_i \alpha_j y_i y_j x_j^{\mathrm{T}}$$

$$\text{s. t.} \quad \sum_{i=1}^{n} y_i \alpha_i = 0$$

$$\alpha_i \geqslant 0, i = 1, 2, \cdots, n$$

设求得该问题的最优解为 α_i^*，最终得到原问题的最优分类函数为

$$f(x) = \mathrm{sign}\left[\sum_{i=1}^{n} \alpha_i^* y_i (x_i \cdot x) + b^*\right]$$

其中，b^* 为分类阈值。

4.2.4 人工神经网络

人工神经网络算法的思想来源于人类对自身的探索,即对大脑认知能力的研究和模仿。到了20世纪40年代,人们融合当时生物物理和数学的相关知识,试图创造一个机器,能够模拟神经元的基本机能。Mccullocb和Pirts在1943年提出了第一个神经网络的模型——MP模型。1958年,F. Rosenblan提出了著名的感知器模型,同时他还证明了两层感知器的收敛定理,是世界上第一个有使用价值的神经网络模型,成为现代神经网络的出发点。

人工神经网络(Artificial Neural Network,ANN)将人脑对感觉输入信息的刺激的反应情况进行抽象,将大量的节点(神经元)相互连接,并对输入信息与输出信息之间的关系进行建模,模拟大脑的方法来解决问题。人工神经网络主要包含人工神经元、激活函数、网络拓扑结构、训练算法。由激活函数定义信息传递的方法,网络拓扑结构定义网络的总体框架,由训练算法来提供神经网络的学习方法。

1. 人工神经元

人工神经元是神经网络中最基本的结构,也可以说是神经网络的基本单元,它的设计灵感完全来源于生物学上神经元的信息传播机制。神经元有两种状态:兴奋和抑制。一般情况下,大多数神经元处于抑制状态,但是一旦某个神经元受到刺激,导致它的电位超过一个阈值,那么这个神经元就会被激活,产生相应的输出,进而向其他神经元传播化学物质(相关数据信息)。

与生物神经元结构类似,单个神经元k的结构如图4.5所示。

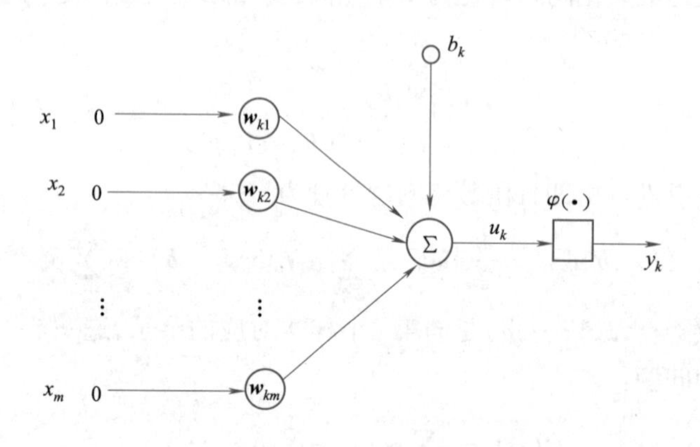

图4.5 神经元模型

其中,$x_1,x_2,\cdots,x_m$是输入信号,$\boldsymbol{w}_{k1},\boldsymbol{w}_{k2},\cdots,\boldsymbol{w}_{km}$为神经元$k$的突触权值,$u_k$是输入信号的线性组合器的输出,$b_k$为偏置,激活函数为$\varphi(\cdot)$;$y_k$是神经元输出信号。神经元$k$还可以有其数学描述:

$$u_k=\sum_{j=1}^{m}\boldsymbol{w}_{kj}x_j=Wp$$

$$y_k=\varphi(u_k+b_k)$$

偏置 b_k 的作用是对线性组合器的输出 u_k 做仿射变换，以便于对结果进行有效的分类等。

1943 年，McCulloch 和 Pitts 将神经元结构用一种简单的模型进行了表示，即现在经常用到的 M－P 神经元模型，如图 4.6 所示。

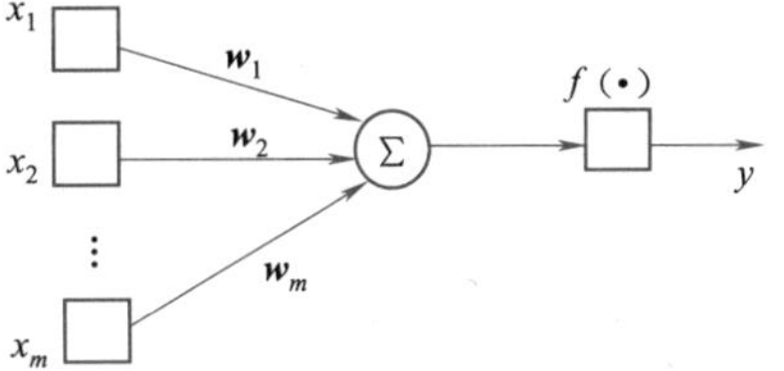

图 4.6 M－P 神经元模型

在 M－P 神经元模型中，神经元的输出为 $y=f(\sum_{i=1}^{n}w_ix_i-\theta)$。其中，$\theta$ 为神经元的激活阈值，函数 $f(\cdot)$ 是激活函数，$f(\cdot)$ 可以用一个阶跃方程表示，大于阈值时激活；否则不激活，类似于神经元受到的刺激超过一定阈值时才会有相应的反映，和生活中人们感到热或者痛的情况类似。

激活函数主要有如下几种：

1）单位跳跃激活函数

单位跳跃激活函数是一种比较简单的函数，可以用于简单的分量模型，当输入信号的总和大于等于零时，输出 1，反之则输出 0，相应的数学表达式为

$$f(x)=\begin{cases}0 & x<0\\1 & x\geqslant 0\end{cases}$$

2）Sigmoid 激活函数

Sigmoid 激活函数的形状类似于 S 的形状，其输出值的范围是(0,1)，表达式为

$$f(x)=\frac{1}{1+e^{-x}}$$

Sigmoid 函数分布图如图 4.7 所示。

3）分段线性函数

分段性函数在定义域的不同区间内具有不同的函数的表达式，如下所示：

$$f(x)=\begin{cases}1 & x>1\\x & -1\leqslant x\leqslant 1\\-1 & x<-1\end{cases}$$

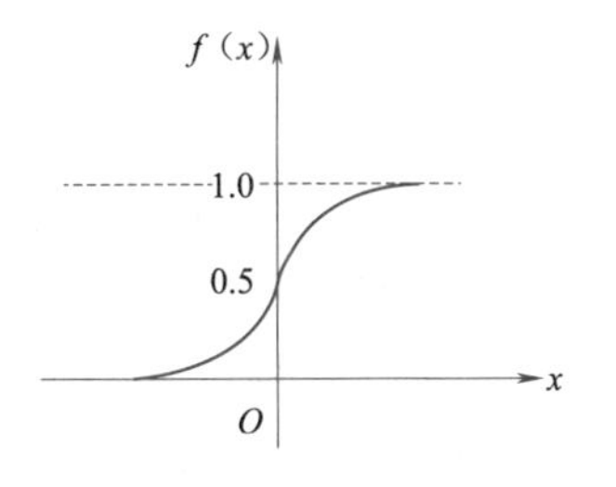

图 4.7 Sigmoid 函数分布

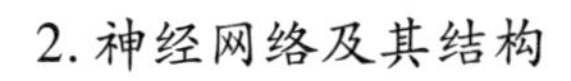

2. 神经网络及其结构

只有按照一定的规则将多个不同的神经元连接成神经网络，才能实现对复杂信息结构的处理和存储。

根据不同连接方式的拓扑结构，主要有层次型结构和互连型结构。图 4.8 所示为层次型结构，神经网络将神经元按照不同功能分为若干层，基本结构为输入层、隐含层和输出层，各层顺序连接。

（1）输入层(Input Layer)。输入向量 $\boldsymbol{x}=(x_1,x_2,\cdots,x_n)$ 是输入的数据所构成的向量，通常还包含偏置，即有 $\boldsymbol{x}=(b,x_1,x_2,\cdots,x_n)$，其中第一列为偏置值 b，第二列到最后一列为原始输入向量 $(x_1,x_2,\cdots,x_n)$。给定输入层与隐含层连接权值 w，那么输出是输入向量和权重的点积，然后该值经过激活函数处理后的计算结果。

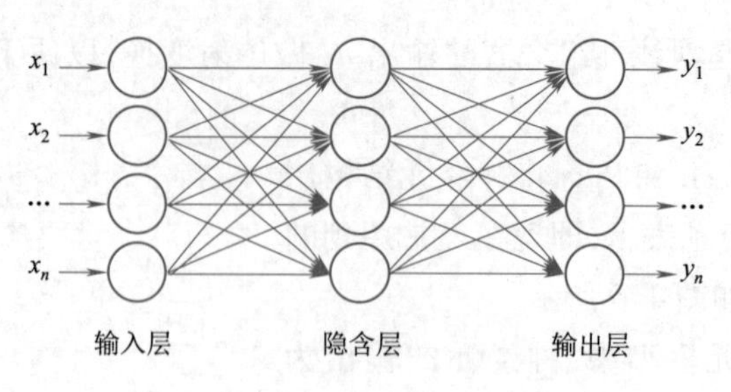

图 4.8　层次型神经网络结构

(2)隐含层(Hidden Layer)。同样,隐含层包含输入向量、输出向量,还有阈值、激活函数以及隐含层和输出层的连接权值。隐含层可以是一层,也可以是多层。它的输入是上一层的输出和权重的点积向量,输出是该标量与激活函数的计算结果。

(3)输出层(Output Layer)。包含输入向量、输出向量和阈值。

输出层只有一层,它的输入是上一层的输出和权重的点积;输出层的计算和隐含层相同,计算的结果是最终预期的分类权值。

互连型结构则不如层次型结构整齐,其允许任意两个神经元之间都可能存在连接。

按照网络内部信息流向分类,神经网络可分为前馈型神经网络和反馈型神经网络。

(1)前馈型神经网络。前馈型神经网络是指在神经网络内部,信息处理的方向是由输入层再到各隐含层最后到输出层逐层进行的,前一层的输出就是后一层的输入,信息的处理是逐层传递的。

前馈型神经网络的神经元之间没有反馈,可以用一个有向的无回路图进行表示,与层次型结构神经网络相同。

(2)反馈型神经网络。反馈型神经网络是指所有的节点既可以从外界接收输入信息,也可以向外界输出信息,神经元之间有反馈,如图 4.9 所示。

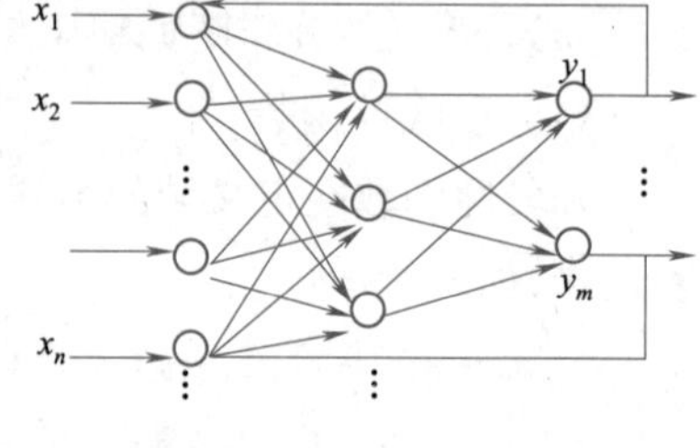

图 4.9　反馈型神经网络

3. 神经网络的学习方式

神经网络的工作过程主要分为两个阶段:学习阶段与工作阶段。在学习阶段保持神经网络结构不变,通过样本数据,对其中的各个权值进行学习和修改,并在各权值稳定的基础上,进入工作状态,实现对相关数据的计算和分析。

根据学习环境的不同,神经网络的学习方式可分为监督式学习和无监督式学习神经网络。

(1)在监督式学习神经网络中,将训练样本的数据作为神经网络的输入信息,将相应的期望输出与神经网络输出进行比较,可得到一个误差信号,根据该误差信号调整权值连接的强度,经过多次反复训练直至得到较为稳定的权值。

(2)在无监督式学习神经网络中,事先并不给定标准样本,而是直接将网络放置于环境中,使得学习过程和信息处理过程融为一体。

下面以 BP(Back Propagation)神经网络为例说明神经网络的学习过程,其使用的学习算法是 BP 算法(反向传播算法),是一种监督式学习神经网络,于 1986 年由美国的 Rumelhart 和 McClelland 为首的科学家提出的一种按照误差逆向传播算法训练的多层前馈型神经网络,是目前应用最广泛的神经网络。

BP 算法的基本原理是:BP 算法是一种训练多层网络使均方误差最小化的最速下降法,其学习过程主要分为正向传播与反向传播两个阶段。第一个阶段是信号前向传播,数据信息首先从输入层开始输入,经过神经网络中的隐含层逐层处理并计算出各层实际输出值至输出层。如果实际输出的结果跟期望输出的结果不相符,则进入第二个阶段,即误差的反向传播。误差反向传播是把实际输出和期望输出间的误差 W 按照一定的方式通过隐含层向输入层逐层逆传,同时把误差分配到各层处理单元,由此得到各层处理单元的误差信号,这些误差信号是修正各连接权值的凭证。网络通过梯度下降的方法修改权值,逐层递归使误差值达到最小,在运行过程中,由于权值的调整,各隐层的输出也有着至关重要的作用。在学习过程中,信号的前向传播与误差的反向传播是不断循环的,网络也在不断进行学习训练,整个学习过程直至输出误差达到了允许范围或者学习次数达到了指定的次数后停止。

针对图 4.8 中的单隐含层 BP 神经网络,其中含有一个隐含层,各输入及输出表示如图 4.10 所示。

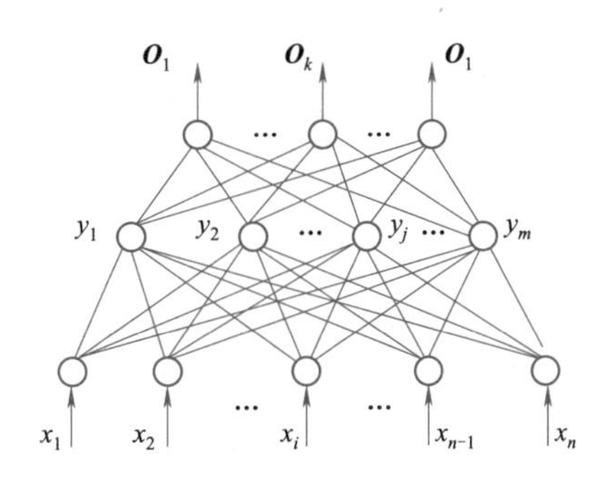

图 4.10 单隐含层 BP 神经网络

输入向量:$\boldsymbol{X}=(x_1,x_2,\cdots,x_i,\cdots,x_n)$。

隐含层输出向量:$\boldsymbol{Y}=(y_1,y_2,y_f,\cdots,y_m)$。

输出层输出向量:$\boldsymbol{O}=(o_1,o_2,\cdots,o_k,\cdots,o_l)$。

期望输出向量:$\boldsymbol{D}=(d_1,d_2,\cdots,d_k,\cdots,d_l)$。

输入层到隐含层的权值矩阵:$\boldsymbol{V}=(V_1,V_2,\cdots,V_j,\cdots,V_m)$;其中,隐含层的第 j 个神经元对应的权值向量由向量 $\boldsymbol{V}_f$ 表示;

隐含层到输出层之间的权值矩阵:$\boldsymbol{W}=(W_1,W_2,\cdots,W_k,\cdots,W_t)$;其中,输出层的第 k 个神经元对应的权值向量由向量 $\boldsymbol{W}_k$ 表示。

各层次之间存在如下数学关系:

对输出层:$o_k=f(\text{net}_k)$, $k=1,2,\cdots,l$

$$\text{net}_k = \sum_{j=1}^{m} \boldsymbol{W}_{jk} y_j, \quad k = 1,2,\cdots,l$$

对隐含层：$y_j = f(\text{net}_j)$， $j = 1,2,\cdots,m$

$$\text{net}_j = \sum_{i=1}^{n} V_{ij} x_i, \quad j = 1,2,\cdots,m$$

其中，$f(x)$为激活函数。

单隐含层 BP 神经网络的学习过程(算法)具体如下：

步骤 1：设定随机数矩阵 $\boldsymbol{V}_{ij}$，$\boldsymbol{W}_{jk}$ 为各层的初始权值矩阵，ε 为误差精度，R 为最大训练次数，$\eta \in (0,1)$为学习因子。

步骤 2：输入训练样本，经系统得到期望输出 d_k，经网络计算得到实际输出 o_k。通过如下公式计算得到实际输出和期望输出之间的误差。

$$E = \frac{1}{2}\sum_{k=1}^{l}(d_k - o_k)^2$$

步骤 3：根据极小化误差准则调整权值矩阵，通过如下公式计算输出层和隐含层间的误差信号：

$$\delta_k^o = (d_k - o_k)o_k(1 - o_k)$$

$$\delta_j^y = \left(\sum_{k=1}^{l}\delta_k^o W_{jk}\right)y_j(1 - y_j)$$

步骤 4：根据如下公式分别计算输出层和隐含层的权值调整增量。

$$\Delta \boldsymbol{W}_{jk} = \eta\delta_k^o y_j = \eta(d_k - o_k)o_k(1 - o_k)y_j$$

$$\Delta \boldsymbol{V}_{jk} = \eta\delta_j^y x_i = \eta\left(\sum_{k=1}^{l}\delta_k^o \boldsymbol{W}_{jk}\right)y_j(1 - y_j)x_i$$

步骤 5：根据 $E = \frac{1}{2}\sum_{k=1}^{l}(d_k - o_k)^2$ 判断是否满足误差 $\leqslant \varepsilon$，若满足则算法停止。否则进一步判断算法训练次数j是否达到设定的最大循环迭代次数R，若已达到，则停止；否则继续转到步骤 2，继续训练。

神经网络根据其网络结构、学习方法的不同可分为不同的类型，如 RBF(Radial Basis Function，径向基函数)网络、SOM(Self-Organizing Map，自组织映射)网络、递归神经网络(Recurrent Neural Networks，RNN)等，感兴趣的读者可进一步阅读相关教材或文献。

4.2.5 深度学习

人工神经网络模型作为一个通用逼近函数具有非常强大的拟合能力，包含一个隐含层的神经网络模型可以逼近任意连续函数，而包含两个隐含层的神经网络模型可以逼近任意函数。可否考虑更多隐含层的神经网络？网络层数的增加必然带来难以收敛和巨大的计算量，因此很长一段时间内对人工神经网络的研究仍处于对浅层人工神经网络的研究阶段。直到 2006 年，Geoffrey Hinton 使用逐层学习策略对样本数据进行训练，获得了一个效果较好的深度神经网络——深度置信网络(Deep Belief Network，

DBN)及限制性波耳兹曼机(Restricted Boltzmann Machine,RBM)的训练算法,为多层神经网络的有效训练提供了方法。

深度学习作为一种多层的机器学习模型,其深度体现在对特征的多次变换上。一般地,深度神经网络包含输入层、多个隐含层以及输出层,BP 算法仍然是深度神经网络训练的核心算法,它包括信息的正向传播过程和误差梯度的反向传播过程。研究学者在传统神经网络的基础之上研究深度学习,利用低层像素特征学习到更高层、更抽象的特征,这些特征能够更好地表示属性类别与描述数据,可把深度学习认为是神经网络的延伸。其本质是机器学习算法的一个新分支,通过分层结构的分阶段信息处理机制,可以探索无监督的特征提取与模式分析和分类。在训练深度网络时,由于多个线性函数叠加没有改变函数的性质,需在隐含层用非线性函数激活神经元代替线性函数神经元,这样才能增加深度网络的表示能力。在图像识别领域,深度网络的学习可理解为:第一层,通过图像像素来学到一些边缘特征;第二层,可学习到目标的轮廓、边、角等特征;在更高的层次,根据这些特征抽象出更本质、更复杂的特征。深度学习是一种通过数据进行训练的工具,最后的目的是特征学习和分类识别。

常用的深度学习模型为多层神经网络,神经网络的每一层都将输入非线性映射,通过多层非线性映射的堆叠,可以在深层神经网络中计算出非常抽象的特征来帮助分类。深度学习模型根据构成单元不同大致可分为三类,分别为卷积神经网络模型、深度置信网络模型、深度自编码网络模型。

下面以深度置信网络模型为例简要说明深度学习模型的基本原理。深度置信网络(Deep Belief Network,DBN)结合了无监督学习和有监督学习神经网络,是由若干层无监督的受限玻尔兹曼机(Restricted Boltz Mann machine,RBM)和一层有监督的反向传播网络(BP,Back-Propagation)组成的一种深层神经网络模型(见图4.11),其基本思想是利用无监督学习方法逐层对每一 RBM 进行训练,最后对整个网络采用有监督学习进行调整。

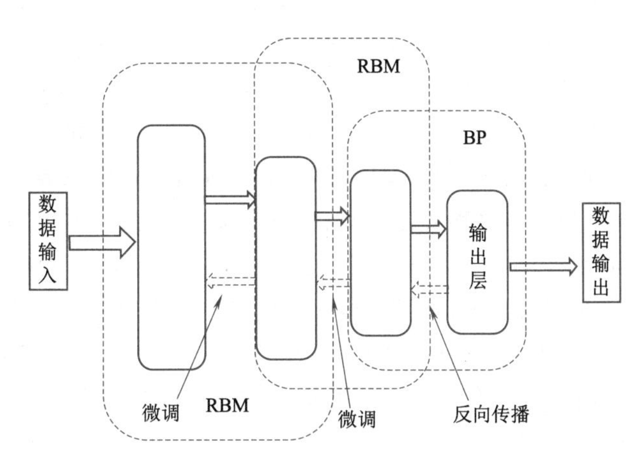

图4.11　深度置信网络模型

受限玻尔兹曼机是一种较为特殊的玻尔兹曼机,包括一个可视层 h 与一个隐含层

v,整体结构为一个二分图,如图4.12所示。

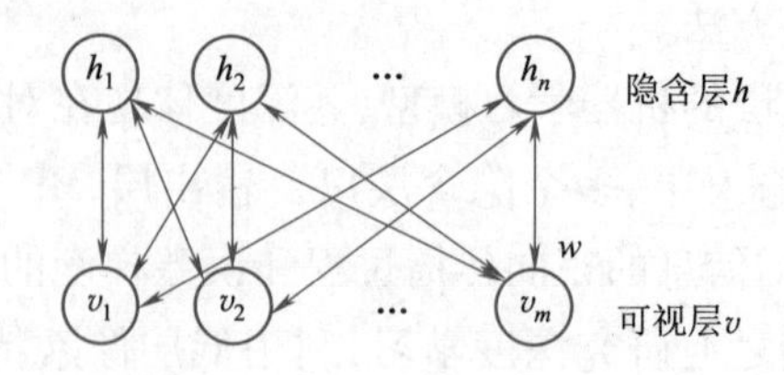

图4.12　受限玻尔兹曼机模型

可视层中每一节点 v_i 与隐含层中每一节点 h_j 之间有权值为 w_{ij} 的连接,且 $w_{ij}=w_{ji}$, $1 \leqslant i \leqslant m, 1 \leqslant j \leqslant n$。受限玻尔兹曼机通过不断调节连接权值及偏置参数,最终使得隐含特征信号还原重建成 v' 后与 v 之间的误差达到最小。

有关深度学习的进一步知识与相关理论及应用,感兴趣的读者可阅读相关教材或文献。

4.3　机器学习在农业领域中的应用

机器学习技术在农业生产各环节中已经逐步得到广泛应用,主要应用于包括作物育种、农作物病害识别、农作物虫害预测、灌溉用水分析、农业专家系统、农产品电商等领域。本节仅以上述各种机器学习技术为例,选取一些文献中相关的研究或例子进行说明机器学习在农业领域中的应用。

决策树方面,有研究人员基于决策树研究棉花病虫害的识别技术,采用决策树分类算法(如C4.5)对棉花病害进行识别,还有相关工作研究了多变量决策树算法并应用于土壤肥力划分或对土壤的有机碳含量与分布状况进行分析。

统计学习方法方面,有研究人员基于混合核函数的支持向量机回归算法,结合贝叶斯理论对支持向量机的参数进行优化,得到粮食产量进行预测的新算法;或利用支持向量机在处理小样本、非线性问题方面的优势,将支持向量机应用于杂草识别中,提高对了小样本杂草识别的准确性;或将支持向量机技术应用于植物病害识别技术。

人工神经网络尤其是深度学习方面在农业生产领域已被大量采用,特别是在病虫害检测、植物和水果识别、农作物及杂草检测与分类等智能农业领域。例如,国内研究人员将卷积神经网络应用于水稻纹枯病、水稻穗瘟病、茶树病害的识别,草莓叶部白粉病病害识别;基于卷积神经网络提取多尺度分层特征的玉米杂草识别方法,进而精确、稳定、高效地区分玉米与杂草,为农田精确除草提供技术支持;基于LeNet卷积神经网络的深度学习模型研究多簇猕猴桃果实图像的识别,将深度学习应用于自然环境下多类水果采摘目标识别问题或机器人采摘目标定位等,具有较高的识别率和实时性,为农业自动化采摘提供了新的技术方案。

第5章 智能图像识别处理技术

图像处理技术的研究有了很大进展，其应用已渗透到农业生产的各个环节。图像处理技术已经成为实现智能农业生产的关键和必备技术，是现代化农业生产和管理的一个重要环节，在农业生产中有许多用途，如自动灌溉、病虫害防治、农业机器人、农作物自主选择收获和作物健康等。

5.1 图像处理

计算机图像处理（Computer Image Processing）是指将图像信号转换成数字信号并利用计算机对其进行处理的过程，其优点是再现性好、处理精度高、处理内容丰富、可进行复杂的非线性处理、有灵活的变通能力等。20世纪20年代，采用数字压缩技术通过从伦敦到纽约的海底电缆传输了第一幅数字照片，这标志着数字图像处理技术的开端。20世纪60年代，数字图像处理技术作为一门学科正式形成。20世纪70年代末80年代初进入一个全新的活跃研究阶段。图像处理（Image Processing）是通过计算机对图像进行去除噪声、增强、复原、分割、提取特征等处理的方法和技术。图像处理技术能够帮助人们更加客观准确地认识世界，具有再现性好、处理精度高、适用面宽、灵活性高、便于传输等优点，已经被广泛应用到各个领域中。它首先应用于工业和生物医学等领域，在农业上的应用起步较晚，但是前景广阔。在农业领域中，大范围、实时、高效地获取农情信息是现代化农业生产和管理的一个重要环节。传统的依靠人工采集和有线测量的数据获取方式在实时性、精准性和便捷性等方面均无法满足精准农业的要求。因此，将图像处理技术应用于农业中，对实时监测农作物的长势、农作物灾害的防治以及果实检测分级等有着至关重要的作用，从而保证农业的丰收。

在农业生产中，病虫害一直是困扰农作物生长的重要问题。由于不能准确地监测出植物病害，所以农业生产者盲目地施用大量的农药和化肥来防治病虫害，这不仅浪费了财力、物力和人力，还不能起到很好的防治作用，而且影响了农产品的品质和产量，同时破坏了生态环境。因此，研究农作物病虫草害的自动检测与识别技术，开发视觉型智能化控制系统，准确地获取植物受害的病因、病种及受害程度是保证农业生产可持续发展的重要环节。

5.1.1 图像处理技术

图像是指物体的描述信息,数字图像是一个物体的数字表示,图像处理则是对图像信息进行加工以满足人们的视觉心理和应用需求的行为。数字图像处理是指利用计算机或其他数字设备对图像信息进行各种加工和处理,它是一门新兴的应用学科,其发展速度异常迅速,应用领域极为广泛。

图像处理技术主要包括以下内容:

(1)图像增强。图像增强的目的是改善图像的视觉效果,它是各种技术的汇集。常用的图像增强技术有对比度处理、直方图修正、噪声处理、边缘增强、变换处理和伪彩色等。在多媒体应用中,对各类图像主要是进行图像增强处理,图像处理软件一般都支持图像增强技术。

(2)图像恢复。图像恢复的目的是力求图像保持本来面目,用来纠正图像在形成、传输、存储、记录和显示过程中产生的变质和失真。图像恢复必须首先建立图像变质模型,然后按照其退化的逆过程恢复图像。

(3)图像识别。图像识别也称模式识别,就是对图像进行特征抽取,然后根据图形的几何及纹理特征对图像进行分类,并对整个图像做结构上的分析。通常在识别之前,要对图像进行预处理,包括滤除噪声和干扰、提高对比度、增强边缘、几何校正等。

(4)图像编码。图像编码的目的是为了解决数字图像占用空间大,特别是在做数字传输时占用频带太宽的问题。图像编码的核心技术是图像压缩。对那些实在无法承受的负荷,只好利用数据压缩使图像数据达到有关设备能够承受的水平。评价图像压缩技术要考虑三个方面的因素:压缩比、算法的复杂程度和重现精度。

(5)图像分割。图像分割就是把图像分成若干个特定的、具有独特性质的区域并提出感兴趣目标的技术和过程,是图像处理到图像分析的关键步骤。现有的图像分割方法主要有基于阈值的分割方法、基于区域的分割方法、基于边缘的分割方法以及基于特定理论的分割方法等。从数学角度来看,图像分割是将数字图像划分成互不相交的区域的过程。图像分割的过程也是一个标记过程,即把属于同一区域的像素赋予相同的编号。

(6)图像描述。图像描述是图像识别和理解的必要前提。作为最简单的二值图像可采用其几何特征描述物体的特性,一般图像的描述方法采用二维形状描述,有边界描述和区域描述两类方法。对于特殊的纹理图像可采用二维纹理特征描述。随着图像处理研究的深入发展,已开始进行三维物体描述的研究,提出了体积描述、表面描述、广义圆柱体描述等方法。

5.1.2 图像处理方法

图像的处理方法包括点处理、组处理、几何处理和帧处理四种方法。

图像处理最基本的方法是点处理方法,由于该方法处理的对象是像素,故此得名。

点处理方法简单而有效，主要用于图像的亮度调整、图像对比度的调整及图像亮度的反置处理等。

图像的组处理方法，其处理的范围比点处理大，处理的对象是一组像素，因此又称"区处理或块处理"。组处理方法在图像上的应用主要表现在检测图像边缘并增强边缘、图像柔化和锐化、增加和减少图像随机噪声等。

图像的几何处理方法是指经过运算，改变图像的像素位置和排列顺序，从而实现图像的放大与缩小、图像旋转、图像镜像及图像平移等效果的处理过程。

图像的帧处理方法是指将一幅以上的图像以某种特定的形式合成在一起，形成新的图像。其中，特定的形式是指：经过"逻辑与"运算进行图像的合成、按照"逻辑或"运算关系合成、以"异或"逻辑运算关系进行合成、图像按照相加或者相减以及有条件的复合算法进行合成、图像覆盖或取平均值进行合成。图像处理软件通常具有图像的帧处理功能，并且以多种特定的形式合成图像。

5.1.3　图像处理技术分类

图像处理技术一般分为两大类：模拟图像处理和数字图像处理。

模拟图像处理（Analog Image Processing）包括光学处理（利用透镜）和电子处理，如照相、遥感图像处理、电视信号处理等。模拟图像处理的特点是速度快，一般为实时处理，理论上讲可达到光速，并可同时并行处理。电视图像是模拟信号处理的典型例子，它处理的是25帧/秒的活动图像。模拟图像处理的缺点是精度较差，灵活性差，很难有判断能力和非线性处理能力。

数字图像处理（Digital Image Processing）一般都用计算机处理或实时的硬件处理，因此也称计算机图像处理（Computer Image Processing）。其优点是处理精度高，处理内容丰富，可进行复杂的非线性处理，有灵活的变通能力，一般来说只要改变软件就可以改变处理内容。其缺点是处理速度较慢，特别是进行复杂的处理更是如此。

广义上讲，一般的数字图像很难为人所理解，因此，数字图像处理也离不开模拟技术，为实现人—机对话和自然的人—机接口，特别是在需要人去参与观察和判断的情况下，模拟图像处理技术更是必不可少的。

5.2　图像分割技术

5.2.1　RGB分割模型

农业生产中应用图像分割技术分离土壤和植被，进一步识别杂草和作物，一般情况下，对于主要色素为叶绿素的作物（如玉米、大豆、小麦等），作物区域的绿色分量G远远大于红色R和蓝色B分量。故可以采用强调绿色分量、抑制其余2个分量的2G-R-B的滤光算法对彩色图像进行灰度化。针对基于机器视觉的自动导航系统，现有的导航线提取算法易受外界环境干扰和处理速度较慢等问题，李茗萱等提出一种基于图像扫描滤波的导航线提取方法，来获取不同农作物的彩色图像，使用 2G-R-B 算法对彩色图片进行灰度化处理，得到作物和土壤背景对比性良好的图片。为了保证秧盘上每穴超级稻种子数量一致，实现精密播种作业，需要对播种性能进行准确检测，但超级杂交稻播种到秧盘中，多粒种子存在粘连、重叠、交叉等情况，传统的面积、分割算法对上述情况播种量检测存在精度低的难题，因此需要提高上述情况种子播种量检测精度。考虑到种子连通区域的形状特征来反映种子数量，谭穗妍等提出一种基于机器视觉和 BP 神经网络超级杂交稻穴播量检测技术。针对超级稻颜色特征，采用 RGB 图像中红色 R 和蓝色 B 分量组成的 2R-B 分量图和固定阈值法获取二值图像；投影法定位秧盘目标检测区域和秧穴；提取连通区域 10 个形状特征参数，包括面积、周长、形状因子、7 个不变矩，建立 BP 神经网络超级稻数量检测模型，检测连通区域为碎米/杂质、1、2、3、4 和 5 粒以上六种情况；试验结果表明，六种情况的检测平均正确率为 94.4%，每幅图像平均处理时间 0.823 s，满足精密育秧播种流水线在线检测要求；研究结果为实现精密恒量播种作业提供参考。

张保华等提出了一种基于亮度校正和 AdaBoost 的苹果缺陷与果梗、花萼在线识别方法。以富士苹果为研究对象，首先在线采集苹果的 RGB 图像和 NIR 图像，并分割 NIR 图像获得苹果二值掩模；其次利用亮度校正算法对 R 分量图像进行亮度校正，并分割校正图像获得缺陷候选区（果梗、花萼和缺陷）；然后以每个候选区域为掩模，随机提取其内部 7 个像素的信息分别代表所在候选区的特征，将 7 组特征送入 AdaBoost 分类器进行分类、投票，并以最终投票结果确定候选区的类别。为进一步提升苹果果实的识别精度和速度，从而提高苹果采摘机器人的采摘效率，贾伟宽等提出一种基于 K-means 聚类分割和基于遗传算法（genetic algorithm，GA）、最小均方差算法（least mean square，LMS）优化的径向基函数（radial basis function，RBF）神经网络相结合的苹果识别方法。首先将采集到的苹果图像在 Lab 颜色空间下利用 K-means 聚类算法对其进行分割，分别提取分割图像的 RGB、HSI 颜色特征分量和圆方差、致密度、周长平方面积比、Hu 不变矩形状特征分量。将提取的 16 个特征作为神经网络的输入，对 RBF 神经网络进行训练，以得到苹果果实的识别模型。

马本学等为研究哈密瓜表面纹理特征分布规律，采集金密 16 号 9 成熟、全熟和金密 17 号 9 成熟、全熟共 168 幅哈密瓜样本图像，对 RGB 彩色图像的 R、G、B 分量执行代数运算，转换为灰度图像后进行背景分割，然后利用双树复小波变换（DT-CWT）分解图像，获取高频子图像，并对其执行邻域操作，采用迭代法选取最优阈值完成纹理提取，最后利用灰度差分统计法和纹理频谱分析法描述分析哈密瓜纹理特征，建立基于支持向量机（SVM）的分类模型。研究结果表明：利用 DT-CWT 和邻域操作相结合的方法可得到更加连续、完整的哈密瓜纹理图像；4 种哈密瓜的纹理特征值差异显著，利用纹理特征值分类准确率为 89.3%；哈密瓜表面纹理无周期性。

5.2.2　HSI 分割模型

HSI（Hue Saturation Intensity）颜色模型用 H、S、I 三个参数描述颜色特性，其中 H

定义颜色的波长,称为色调;S 表示颜色的深浅程度,称为饱和度;I 表示强度或亮度。

HSI 模型是美国色彩学家孟塞尔(H. A. Munseu)于 1915 年提出的,它反映了人的视觉系统感知彩色的方式,以色调、饱和度和强度三种基本特征量来感知颜色。HSI(色调、饱和度、亮度)彩色模型符合人描述和解释颜色的方式,该模型可从彩色图像携带的彩色信息(色调和饱和度)中消去强度分量的影响,使其更适合灰度处理技术,对于开发基于彩色描述的图像处理方法是一个理想的工具。

H:与光波的波长有关,它表示人的感官对不同颜色的感受,如红色、绿色、蓝色等。它也可表示一定范围的颜色,如暖色、冷色等。

S:表示颜色的纯度,纯光谱色是完全饱和的,加入白光会稀释饱和度。饱和度越大,颜色看起来就会越鲜艳,反之亦然。

I:对应成像亮度和图像灰度,是颜色的明亮程度。

针对葡萄果梗颜色复杂多变、轮廓不规则等影响因素使得采摘机器人难以准确对采摘点进行定位的问题,罗陆锋等提出一种基于改进聚类图像分割和点线最小距离约束的采摘点定位新方法。首先通过分析葡萄图像的颜色空间,提取最能突显夏黑葡萄的 HSI 色彩空间分量 H,运用改进的人工蜂群优化模糊聚类方法对葡萄果图像进行分割。对分割图像进行形态学去噪处理,提取最大连通区域,计算该区域质心、轮廓极值点、外接矩形;再根据质心坐标与葡萄簇边缘信息确定采摘点的感兴趣区域,在区域内进行累计概率霍夫直线检测,求解所有检测得出的直线到质心之间的距离,最后选取点线距离最小的直线作为采摘点所在线,并取线段中点坐标作为采摘点。

针对温室移动机器人机器视觉导航路径识别实时性差、受光照干扰影响严重等问题,高国琴、李明将 HSI 颜色空间三个分量进行分离,选取与光照信息无关且可以有效抑制噪声影响的色调分量 H 进行后续图像处理,以削弱光照对机器人视觉导航的不良影响。为提高田间猕猴桃果实的识别效果,基于 Adaboost 算法,詹文田等利用 RGB、HSI、Lab 三个颜色空间中的一个或多个通道构建六个不同的弱分类器,用采集的猕猴桃果实和背景共 300 个样本点进行训练生成一个强分类器。然后选择 655 个测试样本点进行验证,强分类器分类精度为 94.20%,高于任意弱分类器。对 80 幅图像中 215 个猕猴桃进行试验,结果表明:Adaboost 算法可有效抑制天空、地表等复杂背景的影响,适合于自然场景下的猕猴桃图像识别,识别率高达 96.7%,提高了猕猴桃采摘机器人的作业效率。

为了实现基于计算机视觉的胡萝卜外观品质自动分级系统,基于图像处理的方法,参照国家标准(SB/T 10450—2007),韩仲志等提出影响胡萝卜外观等级的须根、青头、开裂等关键参数的提取算法。须根检测算法通过提取骨架检测端点数来实现,青头检测算法通过 R 分量上的二值化得到,开裂检测算法使用 S 分量结合区域标记的方法完成,在此基础上构建了须根数、青头比和开裂度三个量化标准,对试验随机采集的 520 个胡萝卜图像的青头、须根和开裂进行检测,正确率分别达到了 97.5%、81.8%、92.3%,总体识别率达 91.3%。

5.2.3 纹理分割

纹理具有大量的细节信息,可以极大地提高图像分割的效果。针对自然环境下高原鼠兔目标跟踪中目标与背景颜色相近的问题,陈海燕等提出了一种基于局部纹理差异性算子的高原鼠兔目标跟踪方法。构造了一种新的视觉描述子,称作局部纹理差异性算子 LTDC,用来体现目标和背景之间的细微差异性;具有较强的目标与背景区别能力,在目标和背景颜色相近的场景中,能够较为准确地实现高原鼠兔目标的定位。

遥感图像分割中森林植被是重要的一类目标,有效确定森林植被的纹理尺度是纹理分割的重要问题。刘小丹和杨桑提出的一种用蓝噪声理论描述遥感图像森林植被纹理特征的方法,是一种新的植被纹理刻画和纹理尺度计算方法。研究尺度与植被纹理形态的对应关系,对于选定的探测区域,迭代寻找蓝噪声特征。迭代过程包含通过几何变换缩小区域的尺寸,用快速傅里叶变换获取区域的频谱响应,从频谱响应中提取蓝噪声特征。对于具有蓝噪声特征的区域,计算森林植被纹理的灰度分布,根据当前区域尺寸计算纹理的尺寸。实验表明,森林植被纹理单元的尺度和灰度分布测量结果准确,为进一步纹理分割提供了可靠的基础。针对目前遥感影像分割中多特征利用的问题,巫兆聪等提出一种综合利用光谱、纹理与形状信息的分割方法。该方法在进行初始分割的基础上,统计区域的光谱和 LBP 纹理特征;然后依据光谱、纹理与形状特征计算相邻区域之间的异质性,并以此为基础构建区域邻接图;最后在邻接图的基础上采用逐步迭代优化算法进行区域合并获取最终分割结果。采用 QuickBird 和 SAR 影像的分割试验,证明该算法能充分利用影像中地物的光谱、纹理与形状信息,分割效果良好,效率高。

5.2.4 基于深度学习的图像分割

图像语义分割技术主要是基于深度学习神经网络进行研究。深度学习的方法兴起以后,卷积神经网络不仅在图像分类任务中取得了巨大成功,而且在图像语义分割任务中得到了极大的提升。但是,由于在神经网络中使用了全连接结构,所以限制了图像尺寸和只能使用区块的方法,这种方法的准确性受到传统语义分割方法诸多不足的限制,因此准确性普遍较低。2014 年出现了新的全卷积网络(Fully Convolutional Networks,FCN)。由于在不带有全连接层的情况下能进行密集预测,因此 FCN 可以处理任意大小的图像,并且提高了运算效率。

FCN 网络结构为图像语义分割技术提供了能够达到像素级语义分割的基础,为后来图像分割研究提供了全新的思路和探索方向,很多语义分割方法都是基于 FCN 的改进。

2015 年,Olaf Ronneberger、Philipp Fischer and Thomas Brox 提出了 U-Net 网络结构,并用于 ISBI 比赛中电子显微镜下细胞图像的分割,以较大的优势取得了冠军。Unet通过对原始训练数据进行扭曲来增加训练数据。这一步使 CNN 编码器—解码器

变得更加健壮以抵抗这些形变,并能从更少的训练图像中进行学习。U-Net 的主要优点如下:

(1)支持少量的数据训练模型。

(2)通过对每个像素点进行分类,获得更高的分割准确率。

(3)用训练好的模型分割图像,速度快。

伍广明等提出一种基于 U 型卷积网络的建筑物检测方法,首先借鉴在图像分割领域中性能出色的神经网络模型 U-Net 的建模思想,采用对称式的网络结构融合深度网络中的高维和低维特征以恢复高保真边界;其次考虑到经典 U-Net 对位于特征金字塔顶层的模型参数优化程度相对不足,通过在顶层和底层两个不同尺度输出预测结果进行双重约束,进一步提升了建筑物检测精度。在覆盖范围达 30 km^2、建筑物目标 28 000余个的航空影像数据集上的试验结果表明,该方法的检测结果在 IoU 和 Kappa 两项关键评价指标的均值上分别达到 83.7% 和 89.5%,优于经典 U-Net 模型,显著优于经典全卷积网络模型和基于人工设计特征的 AdaBoost 模型。

2015 年,Kaiming He 等人提出了空间金字塔池化层(Spatial Pyramid Pooling, SPP),通过将空间金字塔池化层替换掉全连接层之前的最后一个池化层,有效解决了 R-CNN 需要对每一个候选区域独立计算的问题,该网络结构称为 SPP-Net。SPP-Net 是一种可以不用考虑图像大小,输出图像固定长度网络结构,并且可以做到在图像变形情况下表现稳定。SSP-Net 的效果已经在不同的数据集上得到验证,速度上比 R-CNN 快 24 ~ 102 倍。在 ImageNet 2014 的比赛中,此方法在检测中居第二,在分类中居第三。2018 年,侯明伟实现了用 SPP-Net 算法解决图像分类识别问题,并利用 mnist 数据集以及 Cifar10 数据集训练预测,准确率分别为 99.54% 和 84.31%。但是,SPP-Net 算法依然存在一些问题,整个算法的训练过程是隔离的,需要存储大量的中间结果,占用磁盘空间大。2016 年,Liang-Chieh Chen 等人提出 DeepLab,将 CNN 编码器-解码器和 CRF 精炼过程相结合以产生目标标签。Deeplab 仍然采用了 FCN 来得到得分图(Score Map),并且也是在 VGG 网络上进行微调(Fine-Tuning)。DeepLab 使用了带孔/空洞卷积,金字塔形的空洞池化(ASPP)和全连接 CRF 等多项技术的结合。针对现有的许多水岸线检测的图像识别方法,不仅无法克服水面波纹、水面倒影等因素的影响,而且不具有适应性,无法同时适用于多个水岸场景分析等存在的问题,沈建军等采用多个复杂的水岸场景图像,训练了用于水岸分割的 Deeplab v3 + 网络,并综合考虑分割性能和计算速度,对 Deeplab v3 + 进行简化与改进,提出了基于改进的 Deeplab v3 + 分割水面图像提取水岸线的检测方法。实验结果表明该算法可以在不同的水岸图像中检测出较为清晰完整的水岸线,准确率达 93.98%,实时性达到 8 帧/s,表明该算法能克服水岸边缘严重不规则、不同水岸场景差异大和复杂水岸场景中光照、波纹、倒影等因素的干扰,提升水岸图像分割准确度及效率,检测出轮廓清晰完整的水岸线,服务于水利行业的智能监控分析。王云艳等提出一种改进型深度神经网络(Deep Lab)的高分辨率果园遥感图像分割算法,在保证不同类别水果分类准确率的基础上,提高了不同时期的同一类水果的分类准确率,在一定程度上提高了农作物长势分析的准确性,保证了高分辨率果园数据分析的可靠性。

面向图像分割的深度学习网络如 DFANet、DeepLabv3 +、Faster R-CNN 等不在本书讲解,读者可阅读相关书籍。

5.3 图像特征提取与分析

随着社会智能化的发展,数字图像识别有着极大的发展前景,在图像信息的压缩与传输、生物识别、医疗影像、卫星遥感技术及交通中违章拍照检测等领域都有着非常广泛的应用。其中,在图像信息的压缩与传输领域,图像的实时传输及准确的压缩与还原都离不开对数字图像信号参数进行优化处理,在交友软件、视频会议、视频监控等生活和工作领域有着重要的应用。在卫星遥感技术领域,通过各种传感仪器对远距离辐射和反射的电磁波信号进行收集并处理成图像,从而实现对远距离景物的探测与识别。图像识别技术是与国计民生紧密相连的一项技术,能够为人类带来巨大的经济效益和社会效益,它的发展与应用对我国现代化建设有着极其密切的联系和深远的影响,推动了社会智能化的发展。而在图像识别中,最重要的莫过于对图像特征的处理。将一个图像与其他图像区分开,是计算机对图像进行分析的基础,其中一些特征是人类肉眼可以直观感受的,如图像的色彩、边缘、纹理、亮度等,但也有很多人类肉眼不能直观看到的特征,而这些特征就需要对图像进行简单的处理才能得到,这个处理过程,就称为图像的特征提取。由于图像特征的提取在解决“维度灾难”问题上做出了贡献,减轻了计算负担,因此它在机器学习和模式识别领域有着举足轻重的作用。

国内外学者提出了许多特征提取方法,其中主成分分析(PCA)和线性判别分析(LDA)是两种最经典的线性方法。随着非线性流形学习技术的发展,相继出现许多基于线性流形学习的方法,如局部保持投影(LPP)、判别局部保持投影(DLPP)、无监督判别投影(UDP)、局部判别嵌入(LDE)、边际 Fisher 分析(MFA)等。最近,基于深度学习的概念提出了一种 PCANet 学习网络,用于图像特征提取及分类。

5.3.1 线性判别分析法

从主成分分析(PCA)算法可以看出,PCA 算法是线性、无监督的特征提取以及降维算法。虽然 PCA 算法实现了降维和特征提取,但是由于 PCA 算法选择样本点投影具有最大方差的方向,因此虽然实现了投影降维的目的,却丢掉了很多对分类有用的信息。而线性判别分析法(LDA)算法却弥补了这一缺点。LDA 算法是有监督的降维技术,将带有类别标记的数据,投影到选择分类性能最好的方向,使得相同类别数据投影点尽可能接近,不同类别数据的投影点尽可能远离,这样更有助于后续的分类识别过程。PCA 和 LDA 的投影比较如图 5.1 所示。

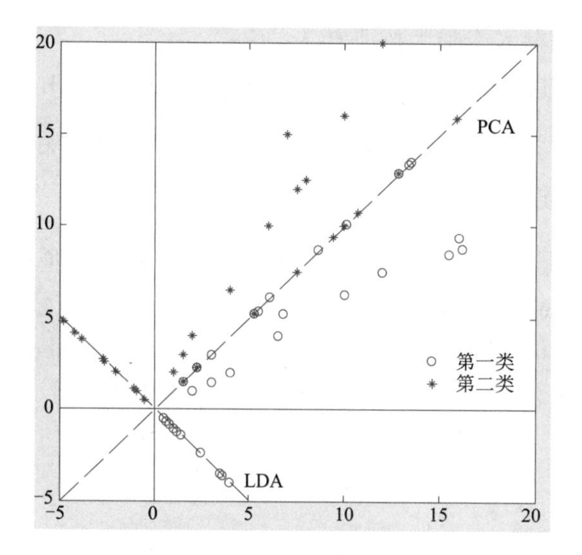

图5.1　PCA和LDA的投影比较

从图5.1可以看出，在PCA投轴上，投影后两类样本点部分重合在一起，无法区分。而在LDA投影轴上，两类样本点明显被分离。因此，对比PCA和LDA两种算法，经LDA算法降维的数据更有利于分类。

LDA是由R. A. Fisher于1936年提出的，主要思想是通过计算Fisher准则函数的极值，并将其方向定为最优的投影方向，即当样本特征在此方向投影时，能保证实现类间离散度最大的同时，又达到了类内离散度最小的条件。LDA具体方法如下：

假设在$R^{m\times n}$空间内有C类已知的人类样本$\boldsymbol{w}_1,\boldsymbol{w}_2,\cdots,\boldsymbol{w}_c$，其中训练样本集有$N$张人脸$\{X_1,X_2,\cdots,X_N\}$，$X_i\in\mathbf{R}^{m\times n}$。其中$X_i^j$表示第$i$类中第$j$个样本，则其类间散布矩阵$\boldsymbol{S}_b$、类内散布矩阵$\boldsymbol{S}_w$的计算公式如下：

$$\boldsymbol{S}_b=\frac{1}{N}\sum_{i=1}^{c}N_i(m_i-m_0)(m_i-m_0)^{\mathrm{T}}$$

$$\boldsymbol{S}_w=\frac{1}{N}\sum_{i=1}^{c}\sum_{j=1}^{N_i}(X_i^j-m_i)(X_i^j-m_i)^{\mathrm{T}}$$

其中，N_i是第i类中样本数目，N为总样本数，m_0为总的训练样本均值：

$$m_0=\frac{1}{N}\sum_{i=1}^{N}X_i$$

m_i为第i类训练样本均值：

$$m_i=\frac{1}{N_i}\sum_{j=1}^{N_i}X_i^j$$

根据传统的LDA方法可知，当类间散布矩阵与类内散布矩阵的比值达到最大时，样本最容易分离，因此最优投影矩阵$\boldsymbol{W}_{\mathrm{opt}}$定义如下：

$$\boldsymbol{W}_{\mathrm{opt}}=\arg\max_{W}\frac{|\boldsymbol{W}^T\boldsymbol{S}_b\boldsymbol{W}|}{|\boldsymbol{W}^T\boldsymbol{S}_w\boldsymbol{W}|}=[\boldsymbol{w}_1,\boldsymbol{w}_2,\cdots,\boldsymbol{w}_k]$$

其中，$\{\boldsymbol{w}_i\mid i=1,2,\cdots,k\}$是等式$\boldsymbol{S}_b\boldsymbol{w}_i=\lambda_i\boldsymbol{S}_w\boldsymbol{w}_i,i=1,2,\cdots,k$的解，$\{\lambda_i\mid i=1,2,\cdots,k\}$

$(\lambda_1 \geqslant \lambda_2 \geqslant \cdots \geqslant \lambda_k)$是前 K 个最大特征值,$K = C - 1$。

根据上述分析,对于任意给定的测试样本 $\boldsymbol{X}_{\text{test}}$,它的特征可由下述转换得到:

$$y = \boldsymbol{W}_{\text{opt}}^T \boldsymbol{X}_{\text{test}}$$

5.3.2 Gabor 函数

Gabor 函数在频域和空域具有很好的局限性,属于小波变换的一种,是 D. Gabor 于 1946 年提出的。Fourier 变换对信号的齐性不敏感,且只需要提取有用的部分信息,因此在信号 Fourier 中利用时间窗口函数来获取局部信息,即 Gabor 变换。一个椭圆高斯函数和复平面波函数相乘构成了 Gabor 函数,其一维表达式为

$$g_{\sigma, w_0}(x) = \frac{1}{\sqrt{2\pi\sigma}} \exp\left(-\frac{x^2}{2\sigma^2}\right) \exp(jw_0 x)$$

二维表达式为

$$g_{\sigma, w_0}(x, y) = \frac{1}{\sqrt{2\pi\sigma_x\sigma_y}} \exp\left[-\frac{1}{2}\left(\frac{x^2}{\sigma_x^2} + \frac{y^2}{\sigma_y^2}\right)\right] \exp[jw_0(x + y)]$$

其中,σ 是高斯函数标准差,w_0 是复平面波空间频率。二维 Gabor 滤波主要包含奇函数 g^e 和偶函数 g^o:

$$g_{\sigma, w_0}^e(x, y) = \frac{1}{\sqrt{2\pi\sigma_x\sigma_y}} \exp\left[-\frac{1}{2}\left(\frac{x^2}{\sigma_x^2} + \frac{y^2}{\sigma_y^2}\right)\right] \sin[w_0(x + y)]$$

$$g_{\sigma, w_0}^o(x, y) = \frac{1}{\sqrt{2\pi\sigma_x\sigma_y}} \exp\left[-\frac{1}{2}\left(\frac{x^2}{\sigma_x^2} + \frac{y^2}{\sigma_y^2}\right)\right] \cos[w_0(x + y)]$$

其中,当 $\sigma w_0 \cong 1$ 时,奇函数 g^e 具有非常好的边缘检测能力。因此对于一个给定的函数,可以用 Gabor 函数组成的完备非正交基进行分解。使用这种方法分解,Gabor 函数就具有了局部频率分析的能力,即称为 Gabor 变换。但是由于 Gabor 变换的空域窗口和频域窗口的宽度固定不变,因此这种局部的频率描述法虽然能用在图像压缩和图像纹理的分析中,却不适合用来描述特征,为了能做到不同尺度下的检测和特征的定位,就要用到具有变化特点的滤波器。

5.3.3 K－L 变换的基本原理

K－L 变换是模式识别中常用的一种特征提取方法,出发点是从一组特征中计算出一组按重要性从大到小排列的新特征,它们是原有特征的线性组合,并且相互之间是不相关的。K－L 变化能考虑到不同的分类信息,实现监督的特征提取。其原理主要是对已经提取好的特征向量进行 K－L 变换,计算其特征值以及一一对应的特征向量,以提取特征中的主要成分,从而构造特征子空间。K－L 变换的基本原理如下:

假设有 N 维矢量 $\boldsymbol{x} = (x_1, x_2, \cdots, x_n)$,则 $\boldsymbol{x}$ 的均值为

$$\bar{\boldsymbol{x}} = \frac{1}{N} \sum_{i=1}^{N} x_i$$

每个矢量与均值的差为

$$\boldsymbol{\Phi}_i = \boldsymbol{x}_i - \overline{\boldsymbol{x}}$$

矢量的协方差矩阵为

$$\boldsymbol{C} = \frac{1}{N}\sum_{i=1}^{N}\boldsymbol{\Phi}_i\boldsymbol{\Phi}_i^T$$

设 $\lambda_i(i=1,2,\cdots,N)$ 为协方差矩阵 $\boldsymbol{C}$ 的特征值，$\boldsymbol{e}_i$ 为相应的特征向量，通过特征值的大小顺序对应排序特征向量组成矩阵 $\boldsymbol{T}$。

假设 $\boldsymbol{T}$ 是将 $\boldsymbol{x}$ 转换成 $\boldsymbol{y}$ 的线性变换，则

$$\boldsymbol{y} = \boldsymbol{T}(\boldsymbol{x} - \overline{\boldsymbol{x}})$$

已知 $\boldsymbol{y}$ 的均值为零。$\boldsymbol{y}$ 的协方差矩阵为

$$\boldsymbol{C}_y = \mathrm{TCT}^T$$

因为 $|\boldsymbol{T}| = 1$，所以 $|\boldsymbol{C}_y| = |\boldsymbol{C}|$，即

$$\boldsymbol{C}_y = \begin{bmatrix} \lambda_i & \cdots & 0 \\ \vdots & & \vdots \\ 0 & \cdots & \lambda_N \end{bmatrix}$$

从上述的推导中可以看到 $\boldsymbol{y}$ 的各元素互不相关，即 $\boldsymbol{y}$ 的协方差 $\boldsymbol{C}_y$ 的特征值是 $\boldsymbol{y}$ 中对应变量的方差。上述变换即为 K－L 变换，又称主分量分析法。

5.3.4 深度学习特征提取

深度学习与传统模式识别方法的最大不同在于它所采用的特征是从大数据中自动学习得到的，而非采用手工设计。在过去的二十年中，计算机视觉研究已经集中在人工标定上，用于提取良好的图像特征，一直处于统治地位。手工设计主要依靠设计者的先验知识，很难利用大数据的优势。由于依赖手工调参数，因此特征的设计中所允许出现的参数数量十分有限。深度学习研究的最新发展已经扩展了传统机器学习模型的范围，将自动特征提取作为基础层。它们本质上取代手动定义的特征图像提取器与手动定义的模型，自动学习和提取特征。人工标定仍然存在，只是进一步深入到建模中去。深度学习可以从大数据中自动学习特征的表示，可以包含成千上万的参数。

ImageNet 数据集包含来自 1 000 个类的 120 万个图像的标记集。2012 年欣顿参加 ImageNet 比赛所采用的卷积网络模型的特征表示包含了从上百万样本中学习得到的 6 000万个参数。从 ImageNet 上学习得到的特征表示具有非常强的泛化能力，可以成功应用到其他数据集和任务中，如物体的检测、跟踪和检索等。在计算机视觉领域另外一个著名的竞赛是 PSACAL VOC，但是它的训练集规模较小，不适合训练深度学习模型。有学者将 ImageNet 上学习得到的特征表示用于 PASCAL VOC 上的物体检测，检测率提高了 20% 。

例如，用卷积神经网络提取图像特征。卷积神经网络主要有两个算子，一个是卷积层，另一个是池化层。大部分人对于池化层并没有什么理解难度。池化层是缩小

高、长方向上的运算，只是从目标区域中取最大值（或者平均值）。卷积层也是滑动一个滑动窗口，滑动窗口之内做卷积运算。一个图像矩阵经过一个卷积核的卷积操作后，得到了另一个矩阵，这个矩阵称为特征映射（Feature Map）。每一个卷积核都可以提取特定的特征，不同的卷积核提取不同的特征。举个例子，输入一张人脸图像，图像中就包含了眼睛、嘴巴、姿态等各种信息，可以用不同卷积核提取不同信息的特征。而特征映射就是某张图像经过卷积运算得到的特征值矩阵。

5.4 智能图像识别

5.4.1 图像识别的流程

图像识别的发展经历了三个阶段：文字识别、数字图像处理与识别、物体识别。图像识别，顾名思义，就是对图像做出各种处理、分析，最终识别人们所要研究的目标。今天所指的图像识别并不仅仅是用人类的肉眼进行识别，而是借助计算机技术进行识别。虽然人类的识别能力很强大，但是对于高速发展的社会，人类自身识别能力已经满足不了人们的需求，于是就产生了基于计算机的图像识别技术。这就像人类研究生物细胞，完全靠肉眼观察细胞是不现实的，这样自然就产生了显微镜等用于精确观测的仪器。通常一个领域有固有技术无法解决的需求时，就会产生相应的新技术。图像识别技术也是如此，此技术的产生就是为了让计算机代替人类去处理大量的物理信息，解决人类无法识别或者识别率特别低的信息。

图像识别有一系列的关键步骤，通过图像采集、图像处理、特征提取、图像识别等步骤就能准确地识别出图片中的事物。图像采集需要借助专门的工具，将符合要求的数据存储在相关的图片库中，然后进行统一的管理。图片处理是对有用的图片进行统一的处理，保证每张图片大小和格式一致，也可以进行去噪处理，方便以后使用。特征提取是从图片的外在表现形式中获取图片的相关特征，想要获得良好的特征，需要依赖相关专家来寻找。特征提取是图片识别的基础，良好的特征才能更真实地反应图片和用户的需求，所以针对不同的应用需要不同的特征。特征分为全局特征和局部特征，颜色、形状和纹理等全局特征会产生较好的效果，局部特征则是角点、边缘和斑块等显著结构。特征是计算机描述图片的方式，是构建分类器的基础。图像识别可以提取目标图片的特征，然后通过分类器进行划分，从而达到图像识别的目的。图像识别的流程如图 5.2 所示。

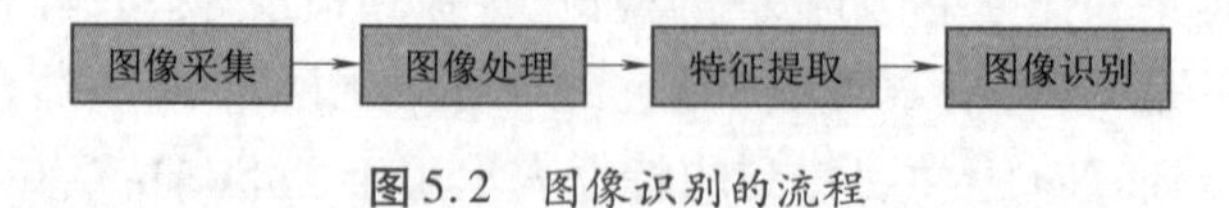

图 5.2 图像识别的流程

图像识别问题的数学本质属于模式空间到类别空间的映射问题。在图像识别的发展中，主要有三种识别方法：统计模式识别、结构模式识别、模糊模式识别。图像分割是图像识别中的一项关键技术，自 20 世纪 70 年代，其研究已经有几十年的历史，一直都受到人们的高度重视，至今借助于各种理论提出了数以千计的分割算法，而且这方面的研究仍然在积极地进行着。

5.4.2　智能图像识别概述

图像识别是人工智能中的一个重点研究领域，图像识别的传统方法基本可分为模板匹配法、贝叶斯分类法、集成学习方法、核函数方法、人工神经网络（ANN）方法等。

（1）模板匹配法。该方法是图像处理中的常用方法。其通过采用已知的模式到另一幅目标图像中寻找相应模式的处理方法，具体过程为将目标图像与模板进行匹配比较，在大图像中根据相应的模式寻找与模板具有相似的方向和尺寸的对象，然后确定对象的位置。模板匹配法的缺点是需要研究者具有一定的经验知识，设计合适的模板且模板与目标图像的匹配取决于目标图像的各个单元与模板各个单元的匹配情况。

（2）贝叶斯分类法。此方法是一类基于概率统计，以贝叶斯定理为基础进行分类的方法，属于统计学的一类。贝叶斯分类方法的步骤为使用概率形式表示分类问题且相关的概率已知，根据贝叶斯定理，提取图像的代表性特征，计算后验概率进行图像分类。贝叶斯公式可表示如下：

$$P(A|B)=\frac{P(AB)}{P(B)}$$

（3）集成学习方法。该方法把相同算法或者不同的算法按照某种规则融合在一起，将不同的分类器联合在一起学习，相比单独采用一种算法能够取得更高的识别准确率。常见的集成学习方法主要包括 Bagging 及 Boosting 算法。

（4）核函数方法。其主要用于解决非线性问题，目的是找出并学习数据中的相互关系。其过程如下：

第一步，采用非线性函数把数据映射到高维的特征空间。

第二步，采用常用的线性学习器在高维空间中利用超平面划分和处理问题。

该方法的优势主要有两点：

①该方法可以避免维数灾难，有更好的抗过拟合、泛化能力。

②在通过非线性变换时，不需要选择具体的非线性映射关系。常见的核函数方法有支持向量机和正态随机过程，在图像处理和机器学习等领域中该方法的使用越来越广泛。

（5）人工神经网络方法。该方法起源于对生物神经系统的研究，可视为智化处理问题。在对图像处理问题的研究中，该方法可分为基于图像特征和基于图像像素两类。其发展潜力巨大，常用的有模糊神经网络、BP 神经网络等。

2006 年，Hinton 在 *SCIENCE* 上发表论文提出深度学习和受限玻尔兹曼机模型的概念，使用具有多个隐层的 ANN 来提高可视化与分类的性能。在论文中，Hinton 主要阐述了两个观点：

（1）具有多个隐含层的神经网络结构，其学习能力更强，可以学习到更抽象的本质特征,可以提高识别的正确率。

(2)深度神经网络的每一层可以单独训练,采用无监督学习方式完成,能够克服传统神经网络训练相对困难的缺点。深度学习具有多个隐含层,这是与浅层学习最主要的差别,层次越多,学习到的特征越抽象,网络识别性能越好。

自2012年以来,针对图像分类任务的深度学习模型的发展几乎每年都会有重大突破。2012年,Alex Krizhevsky提出的AlexNet,夺得2012年ILSVRC比赛的冠军,top5预测的错误率为16.4%,远超第一名。AlexNet采用8层的神经网络、5个卷积层和3个全连接层(3个卷积层后面加了最大池化层),包含6亿3 000万个链接、6 000万个参数和65万个神经元。AlexNet是打开卷积神经网络大门的第一个作品,它重新将卷积神经网络带入计算机视觉领域中。AlexNet的特点是:

(1)ReLU、双GPU运算:提高训练速度。

(2)重叠pool池化层:提高精度,不容易产生过度拟合。

(3)局部响应归一化层。

(4)Dropout:减少过度拟合。

牛津大学计算机视觉组合和Google DeepMind公司研究员研发出深度卷积神经网络VGGNet。它探索了卷积神经网络的深度和其性能之间的关系,通过反复堆叠33的小型卷积核和22的最大池化层,成功地构建了16~19层深的卷积神经网络。VGGNet获得了ILSVRC 2014年比赛的亚军和定位项目的冠军,在top5上的错误率为7.5%。

深度卷积神经网络算法成了主流的研究方向,图像识别的错误率也一再降低。2015年的比赛中,计算机识别的错误率已经低至小数点后两位——百分之几,有研究者认为,计算机在这种特殊的任务中已经超越了人类。

5.5 农业图像处理案例分析

图像处理是通过计算机对图像进行去除噪声、增强、复原、分割、提取特征等处理的方法和技术。20世纪20年代,采用数字压缩技术通过从伦敦到纽约的海底电缆传输了第一幅数字照片,这标志着数字图像技术的开端。20世纪60年代,数字图像处理技术作为一门学科正式形成。图像处理技术能够帮助人们更加客观准确地认识世界,具有再现性好、处理精度高、适用面宽、灵活性高、便于传输等优点,已经被广泛应用到各个领域中。图像处理技术在农业领域起步较晚,近年来随着计算机多媒体技术的提高,在农作物长势监测、病虫害诊断、种子质量检测、农作物缺素识别、农产品质量分级检测等方面有着广泛的应用。

5.5.1 图像处理在监测农作物长势方面的应用

在农作物的整个生长过程中,其长势是后期进行农作物生产管理的关键因素。对农作物长势进行动态监测能够准确及时地了解空气温湿度、农作物的土壤肥力、农作物生长信息以及植物的营养状况等,便于后期对水、肥等及时进行管理,保证农作物正常生长，达到提高粮食产量的目的。农情遥感监测技术的研究最早始于美国，主要用于农作物大面积长势监测。1974 年，美国启动“LACIE”计划，正式拉开农情遥感监测的序幕。

1988 年，欧盟启动了 MARS 项目，开展农情遥感监测技术研究和系统建设。2003 年，俄罗斯农业部建设了全国农业监测系统，该系统主要获取耕地利用制图、作物轮作模式、耕地面积及作物生长状况等信息，它的运行依靠农业气象观测数据、地方农业委员会上报数据以及遥感数据。中国早在 1979 年就开始关注农作物遥感估产的意义。1998 年，中国科学院初步建立了国家级农情监测系统。霍成福等采用引进和自行开发相结合的方法，结合山西特殊的地理位置和气候背景，基于遥感数据，构建了山西省气象卫星遥感监测信息系统，实现了作物苗情监测服务。最近，我国学者提出了我国农情监测与估产的面积采样框架与成数抽样调查方法，其目的之一就是为了获得农作物种植面积的绝对数量。农业部遥感应用中心在多年农作物遥感估产工作的基础上建立了一种可以用于业务化运行的全国主要农作物面积变化遥感监测方法。

在农作物生长过程中，利用数字图像处理技术进行无损、快速、实时的监测。它不仅可以对外部生长参数进行检测，如农作物叶片面积、农作物叶片的周长、叶柄夹角等，还可以判别水果的成熟度或农作物是否受害等情况。李少昆等人借助人工标记的方法率先用图像处理技术监测和提取小麦、玉米的株型信息，这种方法可以监测到 30 多种参数，如叶片长度、叶倾角等形态特征。农业的生产已由传统的农业生产方式发展成为精准农业作业，根据作业处方图或动态图像处理技术进行变量施肥和农药喷洒。自动喷洒农药或施肥机械必须在作业过程中动态地对农作物和杂草进行识别，然后对杂草定量喷洒农药或对农作物植株定量施肥，从而达到农药和化肥使用的高效无污染要求。农业的大面积高效作业往往需要采用农用无人驾驶飞机对农产品的长势进行动态监测，动态图像处理技术在无人驾驶飞机中的应用主要是靠动态图像处理系统通过 CCD 摄像机或红外成像仪来获取飞机当前所处位置的地面图像，然后再调用事先输入的图像数据库进行模式匹配，动态地检测飞机当前位置并完成飞机飞行轨迹的跟踪。利用动态图像处理和图像数据库检索技术进行模式匹配对运动目标动态定位技术在西方发达国家的军事中已经得到了广泛的应用，但在精确农业中，利用全球定位系统来对农用无人驾驶飞机进行定位与轨迹跟踪仍占主导地位。由于 GPS 的成本较高和图像检索技术的不断成熟，决定了动态图像处理技术在今后的大面积农业作业中更为经济实用。

5.5.2　图像处理在种子质量检验方面的应用

优质的种子是农业高产、优质的保障，农作物的产量和质量直接受种子的影响。社会各界及广大农民越来越重视种子的质量，保证种子质量的一个有效方法就是进行种子检验。计算机图像处理技术应用于农业生产后，一些科研工作者开始研究图像处理技术在农作物种子领域的应用。实践证明运用图像处理技术通过提取种子外形参数特征来进行各种分类和质量检测是非常有效的。Hoffmaster 等人在大豆幼苗生长到

33d 时采用了计算机图像处理技术研发了一种评价体系，这种系统主要针对大豆种子进行活力的自动评价，同时可以测定大豆种子的活力指数。结果表明，这种方法对大豆种子活力指数的测试可以达到理想的效果，并且数据精确、可靠性较高。李振等设计了一种基于机器视觉的蔬菜种子活力指数检测系统，实验结果表明，该系统与人工测量计算的种子活力指数相比准确率高达 92% 以上。孙宏伟等设计了一种基于机器视觉的花生种子自动识别系统，该系统利用 LabVIEW 平台并结合图像特征提取算法得到，实验结果表明，该花生种子自动识别系统能够快速、高效、准确地提取花生种子的特征数据，为批量精选花生种子提供依据。

5.5.3 图像处理在农产品品质检测与分级方面的应用

农产品的品质鉴定和分级主要利用计算机图像处理技术进行无损检测，获取农产品表面物理参数对农产品进行质量评估和分级。近 20 年来，对农产品检测的研究主要集中在水果、蔬菜等农副产品方面。美国成功研制的 Merling 高度高频计算机视觉水果分级系统已经广泛应用于苹果、橘子、西红柿等水果及其他农产品的分级中，生产率约为 40 t/h。Thomas 等曾研究了 X 射线胶片成像技术应用于检测芒果内部的虫害，以分选好芒果和有虫害芒果。王树文将计算机图像处理技术、人工神经网络技术、视觉技术结合起来，对西红柿图像进行特征分析提取出 8 个特征参数和 3 种特征，利用图像处理技术对操作的西红柿进行分类。实验证明，对西红柿操作的检测和分类达到 90% 以上的准确率，这种方法不仅节省时间，还能提高精度。熊宇鹏等人针对影响花卉品质的参数使用数字图像技术进行描述与检测，分割凤梨花卉的大花和小花，提出了加抗干扰滤波 R－G 特征的方法。结果表明，检测花盖度的相对误差为 2.3%。王江枫等分析芒果质量与投影图像关系，确定图像算法，通过计算机视觉技术进行芒果表面坏损检测，实验表明此方法对果面坏损分级准确率达 80%。陶凯提出了一种不同颜色光源下苹果分级的计算机视觉方法，研究结果表明，不同颜色光源对特征提取、特征选择和模式识别过程都有显著的影响，选用合适的颜色光源与特征能够显著提高分级精度和分级效果。

5.5.4 图像处理在农作物病虫害方面的应用

在农业领域研究工作中，及时、快速地对农作物病虫害识别、准确判断农作物病害一直是计算机技术方面的一项重要内容。为此，研究病害的识别和判断，计算机图像处理技术是重要的技术手段。陈佳娟等人针对棉花虫害的受害程度根据棉花叶片边缘残缺度和棉叶的空洞进行测定。Mohammed E1-Helly 等人在识别病害类型时开发了综合图像处理系统，该系统能够自动检测出叶片病斑来。结果表明，该系统能够较好地对黄瓜霜霉病、白粉病和受潜叶虫危害的叶片进行识别。崔艳丽等对两种常见的黄瓜病害运用计算机图像处理技术做了研究，对几种色度学系统进行了比较，结果发现在区分不同病变情况时可以采用 H 偏度色调。在进一步研究中，发现区分病变叶片和正常叶片的最好效果是在色调(48－50)和(45－47)的区间内。Chesmore 等研发了一种基于病害图像自动定位孢子实现黑麦草腥黑穗病菌孢子和小麦印度腥黑穗病孢子分类的系统，能够通过病虫害图像测量其周长、表面积、最大（小）半径、圆形度和突起数及突起的大小等相关参数。王树文等综合运用了人工神经网络技术和图像处理技术实现了黄瓜叶部病虫害检测，实验结果表明识别精度可以达到95.31%。彭占武等研发了一种基于图像处理和模糊识别技术的黄瓜霜霉病自动识别系统，原图像做预处理后能够准确地分离出病斑来，实验结果表明，该方法对于黄瓜霜霉病的识别效果较好，对黄瓜霜霉病叶片图像的平均识别准确率为95.28%。

5.5.5 图像处理在农作物缺素诊断上的应用

由于缺素的症状可表现为叶片、茎、花、果实、根等部位，但症状最明显的表现是在叶片上。发生缺素症时，叶片的颜色和纹理特征会发生较为明显的变化。颜色和纹理特征在进行缺素的判别过程中起着很重要的作用，它们细小的差别都可能影响到缺素的判别。利用人工辨色无法对颜色进行定量分析描述，人们对颜色的描述大多是定性的。而使用图像处理技术只要对缺素叶片图像进行有效特征提取，许多测量的特征可以同时实现。穗波信雄等分别对缺乏Ca、Mg、Fe营养元素的茨菇叶子进行露天采集图像，利用计算机图像处理技术对缺素叶片进行了颜色特征的分析，利用RGB颜色直方图波峰分布位置来提取叶片的颜色特征，同时还利用人工确定正态部分和病态部分的阈值，并获取二值图像，在此基础上进行了叶片上病态面积的计算，把病态部分面积百分比作为特征，以区别缺素种类。Kacira M等人研制了一个非接触式测控系统，这个系统可以对农作物进行连续监测，它能对环境因子（如温度、湿度、光照、风速等）进行不间断的测量，同时根据农作物的水分状况控制灌溉系统。因此，利用图像处理技术连续测量农作物的TPCA可以监测农作物的水分状况，并以此为依据向灌溉系统输出控制信号。徐贵力、毛罕平针对无土栽培中主要农作物西红柿缺素叶片的提取问题，提出了不受对象形状大小影响的彩色图像颜色和纹理的几种统计算法和图像间的相互关系法，其纹理的提取是把图像数据经傅里叶变换到频域中，利用长方环周向谱能量法和径向谱能量法提取缺素叶片的纹理特征。李长缨等通过对两组无土栽培的黄瓜幼苗叶冠投影面积的连续监测，发现叶冠投影面积的变化趋势可以较好地反映植物的缺肥情。国际上微肥在农林牧业中的应用起源于20世纪六七十年代，进入21世纪以后，微肥在农业增产中的作用显著提高，因此受到世界各国的普遍重视。Gautam等利用人工神经网络技术构建输入量特征模型，研发出基于图像处理的空间域多光谱图像提取纹理特征系统，实验表明，该系统实用性强，预测准确率高，对玉米的硝酸盐含量的预测效果较理想。

5.5.6 图像处理在农业机器人方面的应用

农业机器人是一种集传感技术、监测技术、人工智能技术、通信技术、图像识别技术、精密及系统集成技术等多种前沿技术于一身的机器人。在农业机器人研究领域，图像处理技术主要应用于机器人的视觉导航和采摘机器人果实的辨识等。在图像处理过程中首先要进行图像采集，在得到数字化的图像后，机器人视觉系统需要对这幅数字图像进行处理，以求理解图像。并通过分析提取出后续操作所需要的信息，从而指导农业机器人进行作业。在机器人的视觉导航中，先需要处理分析视觉系统采样的场景图像，识别出可靠的导航路径，再确定出机器人相对于识别路径的位置，先左后右控制模块，根据位置信息实时调节前轮导向角，实现机器人自主导航。国外在该领域的研究有很多，并且有些已经运用到实际生产中。国内在该领域研究较少，上海交通大学的周俊等人通过采集油菜地边界的图像，通过对 RGB 色彩空间进行线性变换，得到有用的边界信息，通过阈值分割的方法并且在计算过程中融入路径为直线的基本假设从而提取出路径特征。实验结果表明，该算法可以在非结构化的农田自然环境中有效识别出行走路径。在农业机器人视觉导航领域中，国内研究人员虽然在理论上进行了研究，但还未达到应用的程度。对于果蔬果实收获机器人来讲，首要任务是将果实从背景中辨识出来，确定其三维空间位置，然后进行收获。果实辨识定位的方法与果实和背景的颜色差异有很大的关系。苹果、柑橘、西红柿、草莓等果实成熟时表皮呈红色，很容易从绿色背景中区分出来，这类果实多采用彩色照相机系统和图像处理系统进行辨识。国外已经开发出了一大批蔬菜水果采摘机器人，如西红柿采摘机器人、葡萄采摘机器人、黄瓜收获机器人和蘑菇采摘机器人等。国内在农业机器人方面的研究始于 20 世纪 90 年代，起步较晚，但是发展很快，很多院校、研究所都在进行农业机器人和智能农业机械相关的研究。中国农业大学的赵金英等人对利用 Lab 色彩空间实现从背景中提取成熟西红柿图像进行了研究。

图像处理技术在农业各方面得到了广泛应用，节约了劳动力，降低了劳动成本，提高了农业信息化和现代化水平，改善了农业生产条件，并且极具应用前景。但是，由于田间作业的复杂性和农产品的多样性等因素，仍有许多技术难题尚未解决，比如在农产品自动分级及品质检验中，大多数研究的对象均是静态的农产品个体。如何快速获取动态图像信息，仍是一个尚未解决的难题。由于复杂的农业环境和多样性的生物因素，一般都会有比较复杂的农产品外观，与人类视觉相比较，图像处理技术还有很大的发展空间。所以，应该进一步深入研究图像处理技术，最终利用数字图像处理技术实现图像的智能生成、处理、识别和理解。

第6章 物联网技术

农业物联网是指将已经成型的物联网技术应用到农业生产环境中，通过各种仪器仪表实时显示或作为自动控制的参变量参与到自动控制中的物联网。农业物联网能够帮助农业人员及时发现问题、确定问题发生的位置、节省劳动力，农业物联网的应用改变了粗放的农业经营管理方式，确保了产品质量安全，实现精准农业的同时引领现代农业的发展方向。

6.1 物联网技术的基本概念

物联网是指通过信息传感设备，按约定的协议，将任何物体与网络相连接，物体通过信息传播媒介进行信息交换和通信，以实现智能化识别、定位、跟踪、监管等功能，被世界公认为是继计算机、互联网与移动通信网之后的又一次信息产业浪潮。

农业物联网可以实现对农业生产环境数据的精准、实时采集，实现对农业生产过程的全程监控，降低农业用工成本，提升农业资源利用率，提升农产品产量和品质，保障国家粮食安全。其中物联网是“万物沟通”的、具有全面感知、可靠传送、智能处理特征的连接物理世界的网络，实现了任何时间、任何地点及任何物体的连接。可以帮助实现人类社会与物理世界的有机结合，使人类可以更加精细和动态的方式管理生产和生活，从而提高整个社会的信息化能力。

物联网技术与农业领域应用逐渐紧密结合，形成了农业物联网，可以说是物联网技术在农业生产经营管理中的具体应用，农业物联网利用操作终端及各类传感器采集大田种植、设施园艺、畜禽水产养殖和农产品物流等农业相关信息，通过建立数据传输和格式转换方法，运用无线传感器网、移动通信无线网、有线网等实现农业信息的多尺度（个域、视域、区域、地域）传输，最后将获取的海量农业信息进行融合、处理，并通过智能化操作终端实现农业产前、产中、产后的过程监控、科学管理和即时服务，进而实现农业生产集约、高产、优质、高效、生态和安全的目标。农业物联网既能改变粗放的农业经营管理方式，也能提高农作物疫情疫病防控能力、确保农产品质量安全、引领现代农业健康发展、提高生产效率、缩短生产周期、提高农业生产智能化水平、实现产品在流通过程的保值增值。农业物联网技术的广泛应用具有重要的现实意义。

6.2 物联网体系的基本框架

物联网是物物相连的一种网络,它包括两层含义,一是物联网是在互联网的基础上扩展出来的一种网络,它的核心还是互联网;二是它的用户端进行了扩展,不仅限于人与人之间的沟通,还延伸到了人与物、物与物的信息交换。物联网的优势在于不受地域限制,它的节点体积小,可以被分布在任何恶劣的环境中,能够实现物物之间的信息传递。

农业物联网主要包括三个层次:即感知层、传输层、应用层。第一层是感知层,包括 RFID 条形码、传感器等设备在内的传感器节点,可以实现信息实时、动态感知、快速识别和信息采集,感知层的主要采集内容包括农田环境信息、土壤信息、植物养分及生理信息等;第二个层次是网络层,可以实现远距离无线传输来自物联网所采集的数据信息,在农业物联网上主要反映为大规模农田信息的采集与传输;第三个层次是应用层,该层可以通过数据处理及智能化管理、控制来提供农业智能化管理,结合农业自动化设备实现农业生产智能化与信息化管理,达到农业生产中节省资源、保护环境、提高产品品质及产量的目的。农业物联网的三个层次分别赋予了物联网能全面感知信息、传输数据可靠、有效优化系统以及智能处理信息等特征,如图 6.1 所示。

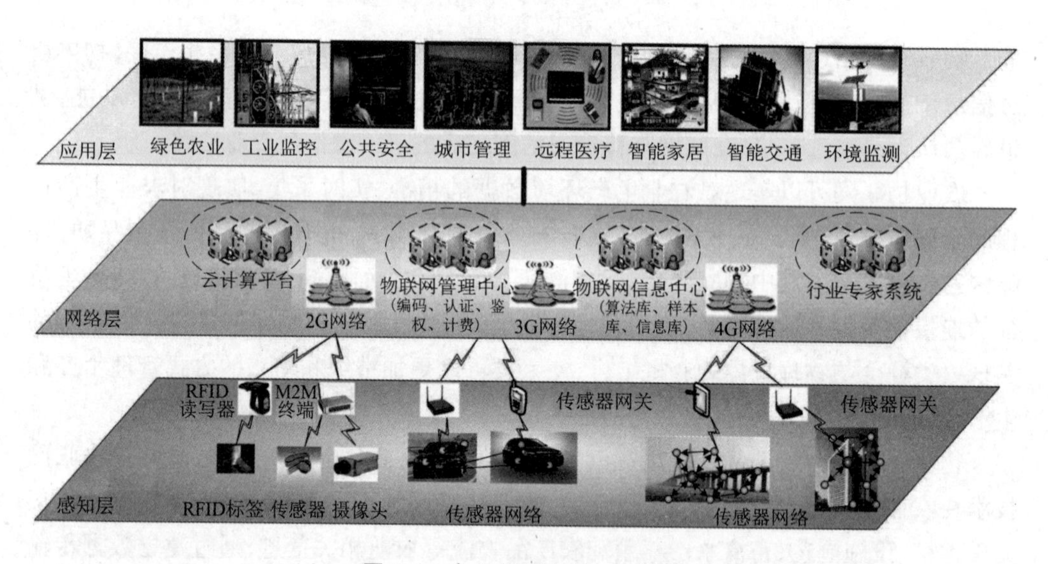

图 6.1　农业物联网的三个层次

1. 感知层

感知层用来感知和识别物体,采集和捕获信息,其在农业物联网中的作用如同人的感觉器官对人体系统的作用,通过感知采集外界环境的信息来识别物体。感知层涉及的主要技术包括 RFID 技术、传感和控制技术、短距离无线通信技术与短距离无线通信协议以及对应的 RFID 天线阅读器研读、传感器材料技术等。要突破的方向是具备更敏感、更全面的感知能力,解决低功耗、小型化和低成本的问题。

2. 网络层

网络层是在现有的通信网和 Internet 基础上建立起来的，其关键技术既包括现有的通信技术也包括终端技术，为各类行业终端提供通信能力的通信模块等，网络层不仅能使用户随时随地获得服务，更重要的是通过有线与无线的结合、移动通信技术和各种网络技术的协同，为用户提供智能选择接入网络的模式，被普遍认为是最成熟的部分。农业物联网网络层包括物联网管理中心、信息中心、云计算平台、专家系统等对海量信息进行智能处理。

有线通信技术可分为中、长距离的广域网络（Wide Area Network，WAN），包括 PSTN、ADSI 和 HFC 数字电视 Cable 等；短距离的现场总线（Field Bus），包括电力线载波等技术。无线通信也可分为长距离的无线广域网（Wireless Wide Area Network，WWAN），中、短距离的无线局域网（Wireless Local Area Networks，WLAN）和超短距离的无线个人局域网（Wireless Personal Area Network，WPAN）。移动通信技术包括 2G、3G、4G 及 5G 技术。

农业物联网网络层用于实现更加广泛的互联功能，相当于人的神经系统，能够无障碍、高可靠性、高安全性地传送感知到的信息，需要传感器网络与移动通信技术、互联网技术相互融合。

3. 应用层

应用层包括各种不同业务或者服务所需要的应用处理系统。这些系统利用感知的信息进行处理、分析、执行不同的业务，并把处理的信息再反馈以进行更新。对终端使用者提供服务，使得整个物联网的每个环节更加连续和智能。

6.3　物联网关键技术

物联网若想实现其“物物相连”的目的，必须依靠强大的技术支持，技术的发展与进步促成了物联网的快速发展，其中的关键技术对物联网更是具有不同凡响的影响和意义。

6.3.1　无线传感器技术

无线传感器网络（Wireless Sensor Network，WSN）是由部署在监测区域内大量的智能微型传感器节点组成的，通过无线通信方式形成一个多跳的、自组织的网络系统，其目的是将覆盖区域中的感知对象的信息进行感知、采集和处理，并最终发送给观测者。它综合了低功耗传感技术、嵌入式处理技术、无线通信技术、分布式信息处理和网络技术，是多学科交叉的研究方向。一个典型的无线传感器网络系统构成如图 6.2 所示。

在图 6.2 中，传感器节点用于采集传感器数据，是一个微型的嵌入式系统，构成无线传感器网络的基础层支持平台。在监测区域内部署的多个传感器节点除了进行本地信息收集和数据处理外，还对其他节点转发来的数据进行存储、管理和融合处理，同时与其他节点协作完成一些特定任务。在这些节点中，通常有一个汇聚节点，它负责将其他节点的数据传送至网关，网关的功能是连接传感器网络与 Internet 等外部网络，实现两种网络之间的通信协议转换，从而使无线传感器网络可以接入 Internet，并把数据传送给网络服务器，用户可以方便地通过 Internet 访问和获取所需的数据。

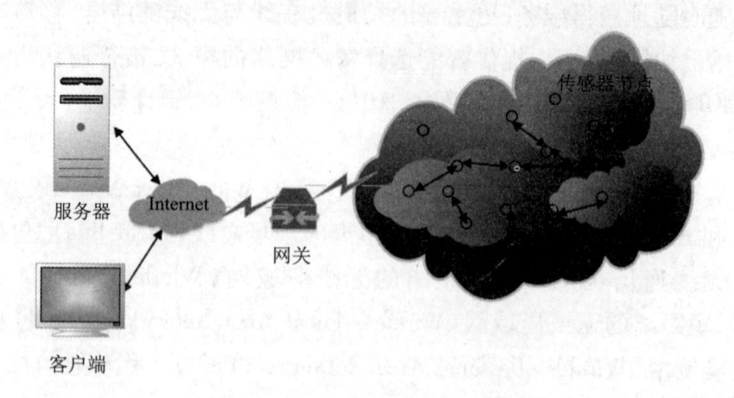

图 6.2　无线传感器网络系统结构

6.3.2　RFID 技术

RFID(Radio Frequency Identification)技术是一种无线通信技术，是物联网感知层的关键技术之一，可以通过无线电信号识别特定目标并读写相关数据，而无须识别系统与特定目标之间建立机械或者光学接触。它广泛应用于交通、物流、军事、医疗、安全与产权保护等各种领域。RFID 应用于物联网中相当于各种物品都携带了一个“电子身份证”，可以实现全球范围的各种产品、物资流动过程中的动态、快速、准确的识别与管理。

典型的 RFID 系统由 RFID 标签(Tag)、RFID 读写器(Reader)、天线、计算机四部分组成，如图 6.3 所示。

RFID 标签又称电子标签、射频卡或应答器，类似货物包装上的条码功能，记载货物的信息，是 RFID 系统真正的数据载体，用以标识目标对象。RFID 标签是一种集成电路产品，由耦合元件和专用芯片组成。RFID 标签芯片的内部结构包括谐振回路、射频接口电路、数字控制和数据存储体四部分。

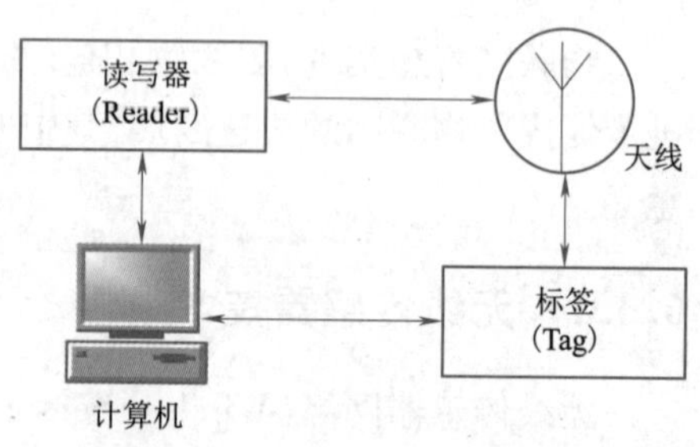

图 6.3　RFID 系统基本组成

当给移动或非移动物体贴上 RFID 标签，就意味着把“物”变成了“智能物”，可以实现对不同物体的跟踪与管理。

RFID 读写器可以无接触地读取并识别 RFID 标签中所保存的电子数据，从而达到自动识别物体的目的。

天线是将 RFID 标签的数据信息传递给阅读器的设备。RFID 天线可分为标签天线和读写器天线两种类型。这两种天线因工作特性不同，在设计上的关注重点也有所不同。对于标签天线,着重考虑天线的全向性、阻抗匹配、尺寸、极化、造价,以及能否提供足够的能量驱动 RFID 芯片等方面。对于阅读器天线,考虑更多的是天线的方向性、天线频带等因素。

计算机用作后台控制系统,通过有线或无线方式与读写器相连,获取电子标签的内部信息,对读取的数据进行筛选和处理并进行后台处理。通常将电子标签、读写器和天线称为前端数据采集系统。

RFID 技术在智能农业生产中的应用有以下几个方面:

1)在农畜产品安全生产监控中的应用

RFID 技术在畜牧业中得到了应用,通过射频信号自动识别目标对象,获取相关数据和 RFID 单元中载有关于目标物的各类相关信息,可以记录动物的个体信息、免疫疾患信息、养殖信息、交易流转信息等。通过这些信息可在任何监控点上还原该动物体的生命过程,一旦发现传染病的发生可以直接追溯到源头,及时采取控制措施,同时也可对违规养殖和交易者进行及时处理。此外,RFID 技术提高了信息采集的准确性和及时性,减少了失误和人员的大量重复劳动,降低人员劳动强度,提高信息质量和处理效率,为畜牧业集约化养殖提供有力的技术支持。

2)在动物识别与跟踪中的应用

动物识别与跟踪一般利用特定的标签,以某种技术手段与拟识别的动物相对应,并能随时对动物的相关属性进行跟踪与管理。在动物识别中使用 RFID 技术,代表了当前动物识别技术的最高水平。在动物身上安装电子标签,并写入代表该动物的 ID 代码,当动物进入 RFID 固定式阅读器的识别范围,或者工作人员拿着手持式阅读器靠近动物时,阅读器就会自动将动物的数据信息识别出来。如果将阅读器的数据传输到动物管理信息系统,即可实现对动物的跟踪。

3)在农畜精细生产系统中的应用

(1)使用 RFID 技术的田间伺服系统。田间伺服系统主要由使用 RFID 等无线技术的田间管理监测设备自动记录田间影像与土壤酸碱度、温湿度、日照量乃至风速、雨量等微气象,详细记录农产品的生产成长记录。

(2)使用 RFID 技术的畜产品精细养殖数字化系统。在精细养殖数字化系统中,利用 RFID 和其他传感器技术跟踪圈养牲畜的生理、生产活动,通过有线或者无线通信连接,以计算机数据控制中心构成分布式计算机管理网络。系统功能采用模块化设计,支持在仓储物流配送、经营管理等业务领域的扩展和融合,是对畜牧业现代化发展的有益尝试。

4)在农产品流通中的应用

RFID 技术具有自动、快速、多目标识别等特点,如果在农产品上粘贴 RFID 标签,会大大提高产品信息在“产地—道口—批发市场—零售卖场”这一流通过程中的采集速率,提高农产品供应链中的信息集成和共享程度,从而提高整个供应链的效益和顾客满意度。

6.3.3 智能嵌入式技术

嵌入式系统技术是将计算机软硬件、传感器技术、集成电路技术、电子应用技术综合为一体的复杂技术。经过几十年的演变，以嵌入式系统为特征的智能终端产品随处可见，例如小到人们身边的智能手机，大到航天航空的卫星系统等。嵌入式系统正在改变着人们的生活，推动着工业生产以及国防工业的发展。如果把物联网用人体做一个简单比喻，传感器相当于人的眼睛、鼻子、皮肤等感官，网络就是神经系统，用来传递信息。嵌入式系统则是人的大脑，在接收到信息后进行分类处理。这个比喻形象地描述了传感器、嵌入式系统在物联网中的位置与作用。

嵌入式系统（Embedded System）也称嵌入式计算机系统，是以应用为中心，以计算机技术为基础，并且软硬件可裁剪，适用于应用系统对功能、可靠性、成本、体积、功耗有严格要求的专用计算机系统。

嵌入式系统一般由嵌入式微处理器、外围硬件设备、嵌入式操作系统以及用户的应用程序四个部分组成，用于实现对其他设备的控制、监视或管理等功能。

嵌入式系统是将计算与控制的概念联系在一起，并嵌入到物理系统中，实现“环境智能化”的目的。嵌入式系统通过采集和处理来自不同感知源的信息，实现对物理过程的控制，以及与用户的交互。嵌入式系统技术是实现环境智能化的基础性技术。而无线传感器网络是在嵌入式技术基础上实现环境智能化的重要研究领域。

6.3.4 GPS 定位

常见的定位技术主要有 PPD 定位技术、GPS 卫星定位、蓝牙定位、Wi－Fi 网络定位、GPRS/CDMA 移动通信技术定位等；常见的定位方式有光栅定位、轨迹球定位、发光二极管定位、激光定位等。

GPS 由空间部分、地面监控部分和用户接收机三部分组成。地面监控部分承担着两项任务，一是控制卫星运行状态与轨道参数，二是保证星座上所有卫星时间基准的一致性。GPS 接收机硬件一般由主机、天线和电源组成。为了准确定位，每一颗 GPS 卫星上都有两台原子钟，GPS 接收机需要从 GPS 信号中获取精确的时钟信息。通过判断卫星信号从发送到接收的传播时间来测算出观测点到卫星的距离，然后根据到不同卫星的距离，通过计算得出自己在地球上的位置。GPS 接收机能够接收的卫星越多，定位的精度就越高。

目前全球主要的全球导航卫星系统有四个：美国的全球导航系统（GPS）、欧盟的“伽利略（GALILEO）”卫星定位系统、俄罗斯的“格洛纳斯（GLONASS）”卫星定位系统与我国的“北斗（BDS）”卫星定位系统。这四个系统并称为全球四大卫星导航系统。联合国已将这四个系统确认为全球卫星导航系统核心供应商。

具体介绍详见第 7 章。

6.3.5 网络与通信技术

网络是物联网信息传递和服务支撑的基础设施，通过泛在的互联功能，实现感知信息的高可靠性、高安全性传送。物联网中感知数据的传递主要依托网络和通信技术,其中涉及更多的是无线网络技术和移动通信技术。

在进行农业信息采集时,有线传输方式仅适合于测量点位置固定、需长期连续监测的场合,而对于移动测量或距离很远的野外测量则需要采用无线方式。无线传感器网络具有易部署、低功耗、节能、成本低、无线、自组织等特征,非常适合用于农业信息采集。目前,通过无线传感器网络可以把分布在远距离不同位置上的通信设备连在一起,实现相互通信和农业信息的资源共享。此外,无线网络的优点还包括较高的传输带宽、抗干扰能力强、安全保密性好、功率谱密度低。利用无线网络的上述特点,可组建针对农业信息采集和管理的本地无线局域网络,实现农业信息的无线、实时传输。同时,可以给用户提供更多的决策信息和技术支持,实现整个系统的远程管理。

无线网络技术主要包括蓝牙、红外、ZigBee、超宽带、Wi-Fi 等,它们的最高传输速率大于 100 Mbit/s,支持视频、音频等多媒体信息的传输,可以广泛应用于物联网底层数据的感知。但是,由于绝大多数短距离无线网络技术都应用在公共的 ISM 频段,频段间的干扰问题日益严重,如何避免冲突,实现频率间的复用还需要进一步解决。

蓝牙是一种小型化、低成本和微功率的无线通信技术,提供点对点和点对多点的无线连接,在任意一个有效的通信范围内,所有设备的地位都是平等的,是一种典型的 Ad Hoc 网络结构(无中心自组织的多跳无线网络)。蓝牙技术已经广泛应用于手机、耳机、PDA、数码照相机和数码摄像机等设备中。

红外使用红外线作为载波,是一种点对点的传输方式,只能视距传输,覆盖范围约为 1 m,带宽通常为 100 kbit/s。红外适合于低成本、跨平台的数据连接,主要应用于移动设备之间的数据交换。红外技术在红外线鼠标、红外线打印机等设备中均有应用。

ZigBee 技术是一种面向工业自动化和家庭自动化的低速、低功耗、低成本的无线网络技术。ZigBee 适用于多个数据采集与控制点、数据传输量不大、覆盖面广、造价低的应用领域,在家庭网络、安全监控、医疗保健、工业控制、无线定位等方面有较好的应用前景。

Z-Wave 技术是一种新兴的基于射频的、低成本、低功耗、高可靠、适于网络的短距离无线通信技术。工作频带为 908.42(美国)~868.42 MHz(欧洲),采用 FSK(BFSK/GFSK)调制方式。数据传输速率为 9.6 kbit/s,信号的有效覆盖范围在室内是 30 m,室外可超过 100 m,适合于窄带宽应用场合。随着通信距离的增大,设备的复杂度、功耗及系统成本都在增加。相对于现有的各种无线通信技术,Z-Wave 技术将是最低功耗和最低成本的技术,有力地推动着低速率无线个人区域网。Z-Wave 技术设计用于住宅、照明商业控制及状态读取应用,例如抄表、照明及家电控制、HVAC、接入控制、防盗及火灾检测等。Z-Wave 可将任何独立的设备转换为智能网络设备,从而可以实现控制和无线监测。Z-Wave 技术在最初设计时,就定位于智能家居无线控制领域。采用小数据格式传输,40 kbit/s 的传输速率足以应对,早期甚至使用 9.6 kbit/s 的速率传输。与同类的其他无线技术相比,拥有相对较低的传输频率、相对较远的传输距离和一定的价格优势。

UWB(Ultra Wide Band,超宽带)技术具有低成本、低功耗、高性能等优点,因此成为近距离无线通信研究的热点技术。与常规无线通信技术相比,其电路简单、成本低廉,具有很高的分辨率和很低的发射功率,可以实现全数字化结构,能够穿透墙壁、地面、身体的雷达和图像系统中。UWB 的一个非常有前途的应用是汽车防撞系统,戴姆勒克莱斯勒公司已经试制出用于自动刹车系统的雷达。

Wi-Fi(Wireless Fidelity,无线保真)是一种短程无线传输技术,能够在数百米范围内支持互联网接入,可以将个人计算机、手持设备(如 PDA、手机)等终端以无线方式互相连接。Wi-Fi 为用户提供了无线宽带的互联网访问方式。为在家中、办公室或旅途中上网提供了快速、便捷的途径。能够访问 Wi-Fi 网络的地方被称为热点。大部分热点都位于人群集中的地方,如机场、咖啡店、旅馆、书店及校园等。Wi-Fi 热点是通过在互联网连接上安装访问点来创建的,这个访问点将无线信号通过短程进行传输,一般覆盖范围为 100 m。

移动通信技术应用于底层感知数据的远程传输,通过不同类型的网络最终将数据交付给用户使用。

第三代移动通信技术简称为"3G"或"三代",是指支持高速数据传输的蜂窝移动通信技术。3G 服务能够同时支持语音通话信号、电子邮件、即时通信数字信号的高速传输。相对于 2G 而言,3G 能够在全球范围内更好地实现无线漫游,提供网页浏览、电话会议、电子商务、音乐、视频等多种信息服务。为了提供这种服务,无线网络必须能够支持不同的数据传输速度。3G 可以根据室内、室外和移动环境中不同应用的需求,分别支持不同的传输速率。同时,3G 也要考虑与已有 2G 系统的兼容性。

4G 是第 4 代移动通信及其技术的简称,集 3G 与 WLAN 于一体,能够传输高品质视频图像,其图像传输质量与计算机画质不相上下。

5G 是最新一代蜂窝移动通信技术,也是即 4G(LTE-A、WiMax)、3G(UMTS、LTE)和 2G(GSM)系统之后的延伸。5G 的性能目标是高数据速率、减少延迟、节省能源、降低成本、提高系统容量和大规模设备连接。

5G 网络的主要优势在于以下三个方面:

(1)高速率。数据传输速率远远高于以前的蜂窝网络,5G 的理论值将达到 5 Gbit/s 甚至是 10 Gbit/s,将会是 4G 网络的 50 ~ 100 倍。

(2)大容量。由于高频谱资源的引入以及大规模 MIMO 技术的支持,5G 网络的容量相比于现在将提升数十倍,这意味着基站可以同时为更多终端提供服务。

(3)低时延。5G 网络有更快的响应时间低至 1 ms 的延迟,而 4G 为 30 ~ 70 ms,更低的时延意味着有更及时的响应。

适应物联网低移动性、低数据率的业务需求,实现信息安全、可靠的传送,是当前物联网研究的一个重点,对网络与通信技术提出了更高的要求。而以 IPv6 为核心的下一代网络的发展,更为物联网提供了高效的传送通道。物联网中的网络层将不再局限于传统的、单一的网络结构,并最终实现互联网、2G/3G/4G/5G 移动通信网、广电网等不同类型网络的无缝、透明的协同与融合。

6.4 物联网系统设计

物联网的设计方法具有三阶段共性，根据三层结构，物联网设计可分为感知层、网络层和应用层的设计。

1. 物联网的感知层设计

感知层包括二维码标签和识读器、RFID 标签和读写器、摄像头、GPS、传感器、终端、传感器网络等，主要是识别物体和采集信息。如果传感器的单元简单唯一，直接能接上 TCP/IP 接口（如摄像头 Web 传感器）问题就会简化，可以直接写接口数据。但实际工程中显然没那么简单，购到某一款装置，硬件接口往往是 RS-232 或 USB，其电源电压、电流都不同，且传感器往往是多种装置的集合，需要在一定条件下整合。感知层设计需要在嵌入式智能平台上整合，也就是以 ARM 芯片控制单元为基础，实行软硬件可裁剪，适度对不同种类的接口、控制功能进行搭建。

2. 物联网的网络层设计

网络层包括通信与互联网的融合网络、网络管理中心、信息中心和智能处理中心等，其将感知层获取的信息进行传递和处理。总之，物联网的网络层设计需要软件设计人员熟悉传感网设计结构，保持数据不丢失并平衡两端设计工作量。物联网的网络层设计关键是端口信号获取，保证信号从传感器端流畅导入 Web Service 中，这也是移动、电信和互联网的数据融合。

3. 物联网的应用层设计

应用层是物联网与行业专业技术的深度融合，与行业需求相结合，实现行业智能化，这一部分需建立一个适合行业的前端（ASP 或 JSP 界面）和后端（Web Service），后端需考虑 SOA 架构及 Database 数据存放。

设计步骤是根据用信息域表示的软件需求，以及功能和性能需求，采用某种设计方法进行数据设计、系统结构设计和过程设计。数据设计侧重于数据结构的定义，系统结构设计定义软件系统各主要成分之间的关系，过程设计则是把结构成分转换成软件的过程性描述。在编码步骤中，根据这种过程性描述生成源程序代码，然后通过测试最终得到完整有效的软件。

6.4.1 物联网系统分析

所谓物联网系统分析，是指从物联网系统的整体出发，根据系统的目标要求，借用科学的分析工具和方法，对系统目标、功能、环境、费用和效益等进行充分的调研，并收集、比较有关数据和资料，评价系统运行的结果。

1. 系统分析的原则

物联网系统分析应该强调科学的推理步骤，使所分析的物联网系统中各个问题均能符合逻辑的原则和事物的发展规律，而不是凭主观臆断和单纯经验的描述；物联网系统分析运用数学方法和优化理论，从而使各种备选方案的比较不仅有定性的描述，而且基本上都能定量化，对于非计量的有关因素，则运用定性分析方法加以评价和衡量。

一个物联网系统由许多要素组成，要素之间相互作用，物联网系统与环境互相影响，这些问题涉及面广而且错综复杂。因此，进行物联网系统分析，必须处理好各类要素相互之间的关系，遵守以下基本原则：

（1）物联网系统内部与系统外部环境相结合。一个企业的物联网系统，不仅受到使用方各种条件的约束，如生产规模、产品技术特征、职工技术水平、管理制度与管理组织等影响，而且受到外部环境等影响。作为一个动态的物联网系统，必须能够不断地适应外部环境的变化，避免劣势环境的干扰，充分利用优势环境带来的机遇。物联网系统需要主动地适应各种内外要求及环境变化，以实现系统目标。

（2）局部效益与整体效益相结合。在分析物联网系统时，常常会发现，物联网子系统的效益与物联网系统整体的效益并不总是一致的。有时从物联网子系统的局部效益来看是经济的，但物联网系统的整体效益并不理想，这种设计方案是不可取的。反之，如果从物联网子系统的局部效益看是不经济的，但物联网系统的整体效益是好的，则这种方案是可取的。如果能达到局部和整体双赢是最好的。

（3）当前利益与长远利益相结合。在进行设计方案选择时，既要考虑当前利益，又要考虑长远利益。如果所采用的设计对当前和长远都有利，这当然最为理想。但如果设计方案对当前不利，而对长远有利，此时，要通过全面分析后再做结论。一般来说，只有兼顾当前利益和长远利益的物联网系统才是有效的物联网系统。

（4）定量分析与定性分析相结合。物联网系统分析不仅要进行定量分析，而且还要进行定性分析。物联网系统分析总是遵循“定性－定量－定性”这一循环往复的过程。不了解物联网系统各个环节的性质，就不可能建立起描述物联网系统定量关系的数学模型。把定性和定量二者结合起来综合分析才能达到优化的目的。

2. 系统分析的内容

物联网系统分析的内容包括对现有系统的分析和对新开发系统的分析。

（1）对现有系统的分析。对现有系统做进一步的认识，使系统尽可能实现最优运转。为了使现有系统更好地适应发展的需要，在进行系统分析时，既要注意对系统外部进行分析，又要注意对系统内部进行分析。对系统外部的分析，主要是根据国内外经济技术形势，分析本系统在环境中的地位，国家政策的变化与调整对本系统的影响，以及与本系统物联网活动有关各方面的状况，如适应物联网系统应用的领域、物联网实现的技术等。对系统内部的分析，主要是计划安排、生产组织、设备利用、原材料供应、物联网需求、劳动者状况及成本核算等。

（2）对新系统的分析。新系统的分析内容可以是新系统的投资方向、工程规模、物联网中各环节的布局、物联网系统的功能、设施设备的配置、物联网系统的管理模式等。具体分析内容如下：

①新系统建设过程中需要增加的设备及改进的技术等。

②物联网系统各组成部分有关物联网活动的数据，如物联网系统的信息处理、存储能力、供货渠道、销售状况等。

③构成物联网生产的新技术、新设备、新要求、新项目等。

④物联网建设过程中资金的大小、人员的规模等。

⑤各种物联网费用的占用、支出、社会经济效益等。

3. 系统分析的步骤

物联网系统分析的步骤，通常包括界定问题的构成范围、确定分析目标、收集资料、建立模型、对比可行性方案的经济效果、综合分析与评价等，如图6.4所示。

在进行物联网系统分析时，应该注意以下几个问题：

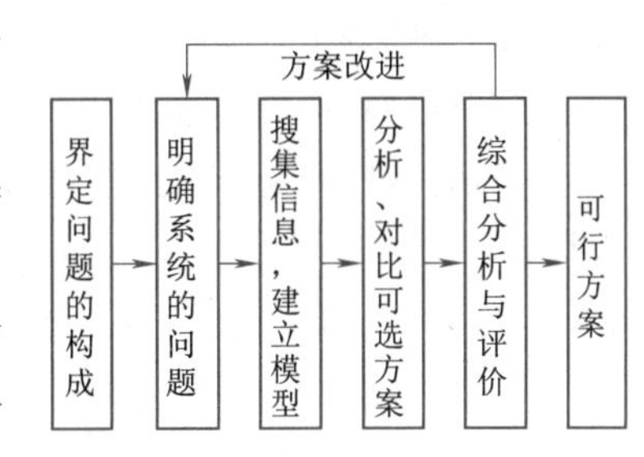

图6.4　物联网系统分析步骤

(1)界定物联网系统问题时应该明确的3个基本点：

①物联网系统目标。一个物联网系统的目标会影响物联网系统的战略规划，同时，物联网系统战略又反过来影响物联网系统运行网络和它的构成要素。

②物联网系统能力。影响系统能力的因素有：可利用的资源、物联网网络的规模、设备成本等。同时，与物联网系统规划的种类(如长期规划、短期规划)及计划实现的服务水平有关。

③物联网应用对象属性。应用对象属性决定了物联网系统的运行方式和系统类型，如应用对象的特征、重视性等。

(2)物联网的目标在物联网系统问题的界定中起主导作用。在物联网系统分析中，确定问题、调整结构等都要服从企业的整体发展目标。

(3)当前和未来一定时期内可能出现的几个变量：

①物联网应用技术出现的变化。

②物联网应用对象业务量和企业规模的扩展，企业运作管理模式的调整，是否需要开发新系统等。

③企业服务对象的改变，设备、人员结构的调整等。

在物联网系统分析中，要注意避免片面性或局限性，要对可能存在的隐性问题有基本的预计和必要的准备。

6.4.2　物联网系统设计流程

1. 系统设计的准备工作

进行物联网系统设计之前，应该做好可行性研究和其他准备工作，物联网系统设计的准备工作主要包括以下几个方面：

(1)分析物联网的应用领域、性质、质量等要求，分析应用领域下的技术特征。

(2)分析物联网信息流向构成、业务规模、功能要求、服务价格等因素，并掌握相关数据。

(3)分析物联网系统的服务项目、服务方式、服务水平,以及实现物联网系统目标的程度。掌握物联网的连贯性、准时性及成本费用关系等方面的资料。

(4)审查物联网系统中的作业方式、动作效率,物联网系统各环节、工艺间的衔接方式与方法,以及掌握有关方面的数据资料。

(5)核查物联网系统中已有的资源要素与尚缺的资源要素,掌握可能的资源要素及来源数据资料。

(6)收集整理与物联网系统设计有关的其他数据资料。

2. 系统设计的主要工作

物联网系统设计的主要工作主要有以下几项:

(1)规划物联网系统的总体目标、组织结构、经营机制等基本构架。

(2)物联网基础设施(信号发射、接收装置)、数据存储系统、物联网管理系统的设计。

(3)专用工具与设备的设计。

(4)对物联网大系统下的每一子系统、功能与作业环节,都必须保证其能与系统整体有效衔接与协调一致。

在进行物联网子系统设计时,必须考虑总体设计与局部设计的差异。所谓总体设计,是指物联网系统化总体框架的组织设计及物联网系统化全过程的组织设计,其特点是具有概括性、指导性、全局性,并注重可行性。物联网系统各子系统的设计是实现总体设计目标与功能的基础,称为局部设计,需要考虑子系统之间的协调性、可操作性、实用性。进行物联网系统设计,首先要重视物联网总体设计,明确物联网系统的总目标、总体结构、总功能及系统整体的运行机制,再通过详细的局部设计达到预期整体优化的目标。

3. 系统设计的基本要求

物联网系统因对象、范围、性质、功能不同,对系统化的目标与要求也会有一定的差异,但从物联网系统的本质特征分析,以下几项要求具有一般性:

(1)兼容性。所谓兼容性,是指在建立物联网系统时,硬件之间、软件之间或是几个软、硬件之间的相互配合的程度。

(2)灵活性。物联网系统设计建设的灵活性,是指系统应根据应用领域的不同可以提供不同的解决方案。

(3)可学习性。可学习性是指物联网系统具有一定的智能,能够根据外界或内部环境的变化进行自学习,从而实现自适应。

(4)实时数据库。在物联网系统中,数据、信息是该系统中各组成单元相互联系的纽带。为了实现对应用对象的实时管理,物联网系统应具有实时更新数据的能力。

(5)工作流(P2P、P2M、M2M)。物联网系统应根据应用对象的不同,选择不同的工作流方式。

(6)异常处理。为保证在物联网系统出现异常情况时,系统仍能正常工作,在物联网系统中应设有异常处理。

(7)更全面的面向人的感知设备。物联网系统的研究能够成为当前科研人员重点研究的焦点,其重要的原因之一是物联网系统具有面向人的感知设备。为此,在设计物联网系统时应建立更全面的面向人的感知设备。

6.5　农业物联网的应用

物联网在设施农业中的应用,主要有水肥一体物联技术、水产养殖物联技术、禽畜养殖物联技术、温室种植物联技术、大田种植物联技术、智能灌溉物联技术、环境监测及调节方案、冷库仓储物联技术、农产品溯源管理方案、冷链物流监管方案、视频监控方案等。参考邦农人(http://www.banglon.cn)技术服务,主要介绍以下四个物联网技术应用。

6.5.1　水肥一体化物联网技术解决方案

基于物联网的水肥一体化技术是将灌溉与施肥融为一体的农业新技术。水肥一体化是借助压力系统(或地形自然落差),将可溶性固体或液体肥料,按土壤养分含量和农作物种类的需肥规律和特点,配兑成的肥液与灌溉水一起通过可控管道系统供水、供肥,使水肥相融后,通过管道和滴头形成滴灌,均匀、定时、定量,浸润作物根系发育生长区域,使主要根系土壤始终保持疏松和适宜的含水量,同时根据不同农作物的需肥特点、土壤环境和养分含量状况,农作物不同生长期需水、需肥规律情况进行不同生育期的需求设计,把水分、养分定时定量,按比例直接提供给农作物。

水肥一体化技术的优点是灌溉施肥的肥效快,养分利用率提高。可以避免肥料施在较干的表土层易引起的挥发损失、溶解慢,最终引发肥效发挥慢的问题;尤其避免了铵态和尿素态氮肥施在地表挥发损失的问题,既节约氮肥又有利于环境保护,所以,水肥一体化技术使肥料的利用率大幅度提高。灌溉施肥体系比常规施肥节省50%~70%的肥料,同时大大降低了设施蔬菜和果园中因过量施肥而造成的水体污染问题。由于水肥一体化技术通过人为定量调控,满足农作物在关键生育期“吃饱喝足”的需要,杜绝了任何缺素症状,因而在生产上可达到农作物的产量和品质均良好的目标。

水肥一体化是一项综合技术,涉及农田灌溉、作物栽培和土壤耕作等多方面,其主要技术要领需注意以下四方面:

(1)首先是建立一套滴灌系统。在设计方面,要根据地形、田块、单元、土壤质地、农作物种植方式、水源特点等基本情况,设计管道系统的埋设深度、长度、灌区面积等。水肥一体化的灌水方式可采用管道灌溉、喷灌、微喷灌、泵加压滴灌、重力滴灌、渗灌、小管出流等。特别忌用大水漫灌,这容易造成氮素损失,同时也降低水分利用率。

(2)施肥系统。在田间要设计为定量施肥,包括蓄水池和混肥池的位置、容量、出口、施肥管道、分配器阀门、水泵肥泵等。

(3)选择适宜肥料种类。可选液态或固态肥料,如氨水、尿素、硫铵、硝铵、磷酸一铵、磷酸二铵、氯化钾、硫酸钾、硝酸钾、硝酸钙、硫酸镁等肥料;固态以粉状或小块状为首选，要求水溶性强，含杂质少，一般不应该用颗粒状复合肥（包括中外产品）；如果用沼液或腐殖酸液肥，必须经过过漏，以免堵塞管道。

（4）灌溉施肥的操作。

①肥料溶解与混匀。施用液态肥料时不需要搅动或混合，一般固态肥料需要与水混合搅拌成液肥，必要时分离，避免出现沉淀等问题。

②施肥量控制。施肥时要掌握剂量，注入肥液的适宜浓度大约为灌溉流量的0.1%。例如，灌溉流量为50 m^3/亩，注入肥液大约为50升/亩；过量施用可能会使农作物致死以及环境污染。

③灌溉施肥的程序分三个阶段。第一阶段，选用不含肥的水湿润；第二阶段，施用肥料溶液灌溉；第三阶段，用不含肥的水清洗灌溉系统。

总之，水肥一体化技术是一项先进的节本增效的实用技术，在有条件的农区，只要解决了前期的投资，再加上有技术力量支持，就会成为助农增收的一项有效措施。

6.5.2 禽畜养殖物联网技术解决方案

智能化禽畜养殖管理主要是通过传感器、无线传感网、无线通信、智能管理系统和视频监控系统等专业技术，在线采集畜禽舍养殖环境参数，并根据采集数据分析结果，远程控制相应设备，使畜禽舍养殖环境达到最佳状态，实现科学养殖、检疫、增收的目标。

畜禽养殖智能监控系统根据采集数据分析结果，远程控制相应设备，其重要组成包括以下四部分：

1. 养殖舍环境信息智能采集系统

通过无线传感器、音频、视频和远程传输技术在线采集养殖场环境信息，实现养殖舍内环境[温度、湿度、光照、有害气体（NH_3、H_2S）等指数]信号的自动检测、传输、接收。根据现场需求不同，在不同的养殖舍内部署不同的无线传感器。

2. 养殖舍环境远程控制系统

通过对养殖舍内相关设备（除湿机、加热器、开窗机、红外灯、风机等）的控制，实现养殖舍内环境（包括温度、湿度、光照、CO_2、NH_3、H_2S等）的集中、远程、联动控制。

3. 数据库系统

基于物资管理，便于盘点饲料、精液、兽药等的输入与输出量，避免库存空缺或积压；基于销售管理，可以实时录入客户资源信息与销售信息。

4. 智能养殖管理平台

实现对养殖舍的各路信息的展示、存储、分析、管理；提供阈值设置、告警功能。用户可通过计算机、智能手机远程登录管理平台，掌控各养殖场的状况，对养殖场的生产经营实施起监督、管理、推进作用。

畜禽养殖智能监控系统适用于牛棚、养猪场、鸭舍、鸡舍、养羊场等场所，可以实现对环境的各项数据实时无线采集监测，有利于技术人员进行科学的管理。

6.5.3　大田种植物联网技术解决方案

基于物联网的大田种植智能化管理系统针对农业大田种植分布广、监测点多、布线和供电困难等特点，利用物联网技术，采用高精度土壤温湿度传感器和智能气象站，远程在线采集土壤墒情、酸碱度、养分、气象信息等，实现墒情（旱情）自动预报、灌溉用水量智能决策、远程、自动控制灌溉设备等功能，最终达到精耕细作、准确施肥、合理灌溉的目的。

大田种植物联网技术组成主要包括五个方面：地面信息数据采集；地下或水下信息采集；视频监控系统；报警系统；专家指导系统。

1. 地面信息数据采集

（1）使用地面温度、湿度、光照、光合有效辐射传感器采集信息可以及时掌握大田农作物生长情况，当农作物因这些因素生长受限，用户可快速反应，采取应急措施。

（2）使用雨量、风速、风向、气压传感器可收集大量气象信息，当这些信息超出正常值范围时，用户可及时采取防范措施，减轻自然灾害带来的损失。例如，强降雨来临前，打开大田蓄水口。

2. 地下或水下信息采集

（1）可实现地下或水下土壤温度、水分、水位、氮磷钾、溶氧、pH 值的信息采集。

（2）检测土壤温度、水分、水位是为了实现合理灌溉，杜绝水源浪费和大量灌溉导致的土壤养分流失。

（3）检测氮磷钾、溶氧、pH 值信息，是为了全面检测土壤养分含量，准确指导水田合理施肥，提高产量，避免由于过量施肥导致的环境问题。

3. 视频监控系统

视频监控系统是指安装摄像机通过同轴视频电缆将图像传输到控制主机，实时得到植物生长信息，在监控中心或异地互联网上即可随时看到农作物的生长情况。

4. 报警系统

用户可在主机系统上对每一个传感器设定合理范围，当地面、地下或水下信息超出设定范围时，报警系统可将田间信息通过手机短信和弹出到主机界面两种方式告知用户。用户可通过视频监控查看田间情况，然后采取合理方式应对田间具体发生状况。

5. 专家指导系统

专家指导系统一方面可以直接将这些关键数据通过手机或手持终端发送给农户、技术员、农业专家等，为指导农业生产提供详细实时的一手数据；另一方面，通过对数据的运算和分析，可以对农作物生产和病害的发生等发出警告和专家指导，方便农户提前采取措施，降低农业生产风险和成本，提高农产品的品质和附加值。

6.5.4　冷链物流物联网技术解决方案

冷链物流（Cold Chain Logistics）泛指冷藏冷冻类药品/疫苗、食品、农产品等在生产、贮藏、运输、销售的各个环节中始终处于规定的低温环境下,以保证质量、减少损耗的一项系统工程。它是以冷冻工艺学为基础、以制冷技术为手段的低温物流过程。冷链物流较其他物流方式的不同是特别的冷藏手段和运输方法,是以保持低温环境为核心要求的供应链系统。

利用 RFID 技术、移动通信技术、GPS/北斗定位技术、温度传感技术、网络技术、数据库技术,实现了冷链物流中对温湿度的监控和对货品、运输车辆的定位,真正实现了物流可视化、货品可追溯、监管有据可依的目标。

冷链管理,即在每个冷藏运输车中放入无线温度传感器,时时监控冷藏车内的温度,达到温度上下限时报警,并记录温度超限的具体时间、连续时长等数据。在装车过程中对 RFID 标签逐一扫描,记录运输车辆的基本信息(车号、运输单位等)。当冷藏车到达接收点后,检查标签,采用手持终端采集冷藏车内无线温度传感器的数据。核实运输配送信息是否准确,并将运输过程的数据通过运营网络上传到冷链云服务平台。

冷链物流物联网技术组成主要包括以下内容:

(1)温度精确管理。运用温湿度自动化采集监控手段,对信息进行智能化处理,实现物资存储环境完全 M2M(机器到机器)的智能化控制。同时,运用定时温湿度采集、射频无线传输等技术,结合智能报警手段,对温湿度高低限自动报警,实现温湿度精细化管理。

(2)运输过程智能化控制。GPS/温度检测技术、电子地图和无线传输技术的开放式定位监管平台,可实现对冷藏车资源的有效跟踪定位管理,并将定位信息和企业的业务资源进行整合。

(3)安装操作简便,便于推广应用。系统实施部署方便、简单,无须对现有车辆做改造,即可方便地建立无线温湿度采集系统,便于推广使用。

(4)追溯与召回管理,完整可靠。建立产品流通跟踪体系,对出现质量问题的产品进行召回和销毁,记录相关信息,生成各类接种服务报表,对发生质量缺陷的产品可以通过标签追溯自动查询等。

冷链物流物联网技术适用于初级农产品:蔬菜、水果;肉、禽、蛋、水产品、花卉产品;加工食品:速冻食品、禽、肉、水产等包装熟食、冰淇淋和奶制品,巧克力、快餐原料;特殊商品:药品/疫苗,等等。

第 7 章

3S 技术

遥感技术(RS)、地理信息系统(GIS)与全球定位系统(GPS/GNSS)统称 3S 技术，是地球空间信息科学技术体系中最基础和基本的技术核心。利用遥感与全球定位系统技术，可对农业实践活动的各阶段[农业环境调查、农作物水(养)分长势亏缺、农作物病虫害、土壤墒情、农作物产量估算、灾害监测等]进行宏观、动态、快速和准确的监测；基于地理信息系统对各种农业资源数据和农业生产活动中产生的各类信息进行组织与管理，可为农业资源及生产活动的管理与实践提供科学高效的分析与评价。3S 技术已经成为当前农业科学研究与农业生产经营实践的重要手段，对农业生产效率和效益的提升起着十分重要的支撑作用，将 3S 技术与图像识别技术、机器学习技术、物联网技术、大数据、智能农业生产系统融合，推进实现农业集成化、智能化、智慧化、节约化、绿色化等，从而加快我国农业现代化的进程，改善农业资源不足、利用率低、农作物品质低下等问题，推动我国农业向更高水平发展。

7.1 对地观测系统与农业生产数字化

当前人类社会正在经历着信息革命，数据成为基础性的战略资源，数字化成为现代化的重要标志，大数据对人类科技与社会经济发展正在产生巨大的影响，也驱动着地球科学和相关领域的快速发展。对地观测系统及技术体系的飞速进步，使得具有海量、多源、多时相等特征的地球大数据亦逐渐成为地球科学研究及应用的新引擎，将大大推动数字地球、全球变化、未来地球、灾害科学、数字农业、城市发展等领域及交叉地球信息科学的研究及应用的发展。通过对农业生产投入、生产经营过程及农产品等相关对象和环节的数字化及信息的收集与存储，就为数字农业的信息分析、知识挖掘、科学决策以及智能控制等，奠定了数字信息基础，而对地观测系统及其相关技术体系是实现农业生产数字化的有效途径和手段。随着农业生产经营数字化的发展，也必将对对地观测系统提出更高的要求，进一步驱动促进对地观测系统的迅速发展。

7.1.1 对地观测系统

对地观测系统(Earth Observing System，EOS)依托卫星、飞机、飞船、近空间飞行器等空间运载平台(见图7.1),携载光电仪器,利用卫星通信技术、空间定位技术、遥感技术和地理信息系统等空间技术,以地球作为研究对象,对地球进行探测,从而快速获取地表信息,了解地球上各种现象及其变化规律,指导人们合理地利用和开发资源,有效保护和改善环境,积极防治和抵御各种自然灾害,不断改善人类生存和生活的环境质量,以达到经济腾飞和社会可持续发展的双重目的。

图7.1 对地观测系统

对地观测系统中的三大支撑技术,即“3S”技术,在对地观测系统中发挥着巨大的作用。遥感技术为对地观测系统提供数据来源;全球定位系统为影像数据提供地理位置;地理信息系统对获取的数据进行处理从而提取有用的信息。遥感技术的发展是对地观测技术的核心,其发展速度将直接影响对地观测技术的发展。21世纪以来,对地观测技术不断取得了长足的发展。据联合国外太空事务办公室统计,截至2019年初,世界各国在轨运行卫星达1 900多颗,其中包括系列气象、陆地、海洋等对地观测卫星,构成了全方位的全球对地观测平台体系;目前,以美国、俄罗斯、法国和日本为代表的空间大国正在积极实施新的一系列综合对地观测计划,其技术水平居世界领先地位,中国和印度等发展中国家近年来在对地观测领域也取得了令人瞩目的发展和成就(见图7.2)。此外,基于系列机载对地观测系统(有人机和无人机)、气球等,也是对地观测系统的重要组成部分,发挥着极为重要的作用。总体而言,人类对地观测的观测地理空间范围不断扩大,对地观测形式和层次不断多样化,可获得的观测指标与内容不断丰富,观测分辨率和精度不断

图7.2 美国WorldView-2对地观测卫星

提高,全球对地观测能力、智能化程度得到了极大提升,将有力地驱动和促进数字经济社会(包括数字农业、智能/智慧农业等)的巨大发展和进步。

7.1.2　农业生产数字化

1998 年,美国副总统阿尔·戈尔在加利福尼亚科学中心的演讲中提出“数字地球”(Digital Earth)的概念。他明确地将“数字地球”与遥感技术、地理信息系统、计算机技术、网络技术、多维虚拟现实技术等高新技术和可持续发展决策、农业、灾害、资源、全球变化、教育、军事等方面的社会需要联系在一起。而数字农业(Digital Agriculture)是在“数字地球”的大背景下提出的,数字农业概念的提出,便于将农业现代化建设纳入数字地球建设的总体框架中,便于利用已有的成熟技术和设施,也有利于与其他行业部门的信息交流。

数字农业是指将遥感、地理信息系统、全球定位系统、计算机技术、通信和网络技术、自动化技术等高新技术与地理学、农学、生态学、植物生理学、土壤学等基础学科有机地结合起来,实现在农业生产过程中对农作物、土壤从宏观到微观的实时监测,以实现对农作物生长、发育状况、病虫害、水肥状况以及相应的环境进行定期信息获取,生成动态空间信息系统,对农业生产中的现象、过程进行模拟,达到合理利用农业资源、降低生产成本、改善生态环境、提高农作物产品和质量的目的。数字农业是以 3S 技术为框架体系,以现实世界的实体原型到数字世界的遥感信息模型的数字化过程,以农业信息作为农业生产要素,通过现代的信息技术手段对农业生产过程进行可视化表达、数字化设计、信息化管理,改变传统农业的耕作模式和理念。

智能农业是将物联网技术运用到传统农业当中而表现出来的一种现代农业,是现代信息技术发展到一定阶段的产物。它能够最高效率地利用各种农业资源,最大限度地减少农业能耗和成本、减少农业生态环境破坏,实现农业系统的整体最优。它是以农业全链条、全产业、全过程智能化的泛在化为特征,以全面感知、可靠传输和智能处理等物联网技术为支撑和手段,以自动化生产、最优化控制、智能化管理、系统化物流和电子化交易为主要生产方式的高产、高效、低耗、优质、生态和安全的一种现代农业发展模式与形态。

数字农业与智能农业既有联系又有区别,共同之处是以数字资源为基础,以信息技术为支撑,以促进农业生产力和经济发展为目标。数字农业是在农业信息化基础上,强调数字化特征和信息技术应用到各环节的本质作用。智能农业是数字农业思想结合智慧化思想,由种植业外延至大农业,实现农业全要素、全链条、全产业、全区域的数字化、网络化和智能化,数字农业是智能农业的发展基础。

农业作为中国的基础产业,面临着农产品需求不断增加、资源紧缺、气候变化导致灾害频发、生态安全脆弱、生物多样性持续下降等严峻挑战,夯实以农业物联网、农业遥感、云计算技术为核心的农业信息化基础。提升以大数据为支撑的农业信息化服务,开拓智能农业新局面,实现农业现代化和信息化的跨越式发展。实现农业现代化和信息化,就要实现应用信息技术及自动化控制技术,对土地、农作物等实现精准化、差异化、智能化的操作和管理;在生产过程中需要大量使用自动化、智能化的农业机械,如智能化播种机、施肥机、喷洒机、抽水机、粉碎机等,而目前我国大型现代化农机设备还较少,没有统一规范与格式的农业科学基础数据,并具有一定地域性的单项技术成果与技术模式,协同性差,未能在数字农业中发挥应有的作用。

随着信息科学技术的巨大发展和数字经济时代的到来,农业数字化生产即迎来了千载难逢的发展机遇同时又充满了挑战,要构建以数据(资源)为生产关键要素的数字/智能农业,需推动互联网、物联网、大数据、云计算、人工智能等现代信息技术以及以3S技术为代表的对地观测系统技术与现代农业的深度融合,实现农业生产经营管理服务的数字化、网络化、智能化,促进农业现代化向更高水平迈进。农业生产数字化属于技术和应用层面,因此在发展的过程中亦需要不断吸收相关现代科学技术的科学思想、引进它们的最新研究成果,才能进一步推进和实现更全面的农业生产数字化,支撑数字/智能农业发展,推进现代农业产业体系的不断完善且更快更好地发展(见图7.3)。

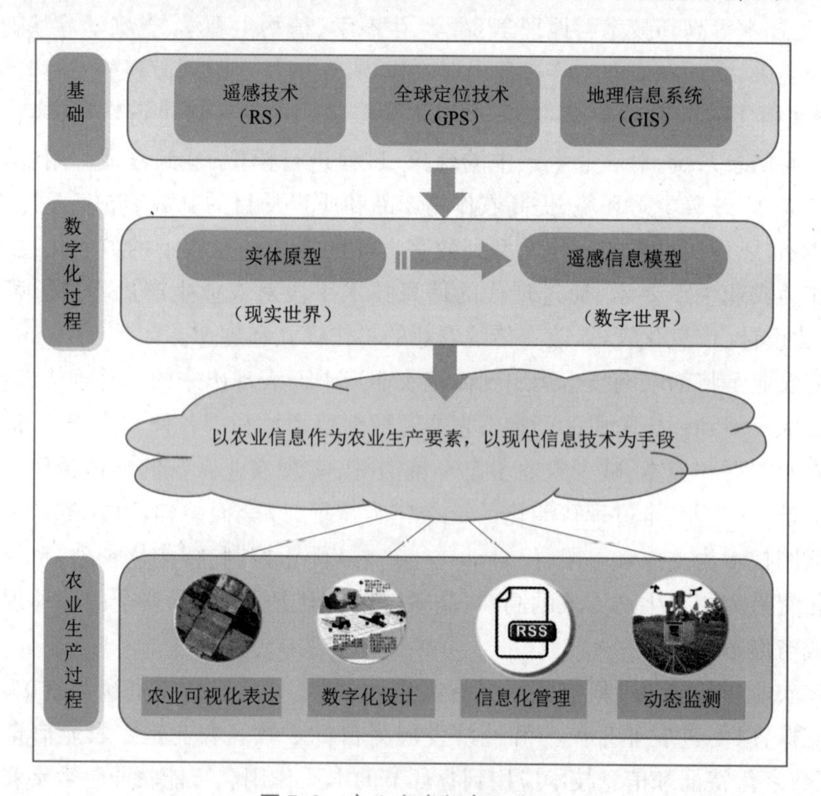

图7.3　农业生产数字化过程

7.2　地理信息技术

7.2.1　地理数据、地理信息与组织

地理数据和地理信息是地理信息系统的根基,数据是通过数字化或经过记录下来

可以被鉴别的符号,包括数字、文字、符号和图像等,数据的格式往往与计算机系统有关,并随着载体的形式而改变;而信息则是对数据的解释、解算和运用,数据经过处理并加以解释才能成信息(见图7.4)。地理数据是各种地理特征和现象之间关系的数字化表示,具有数量上的海量性、载体的多样性、空间上的分布性以及位置与属性的对应性等特征,其中数量上的海量性是指巨大的地理数据量;载体的多样性是指地理数据除了地理实体和地理现象的物质与能力本身是其第一载体以外,还有可以描述地理实体和地理现象的影像、文字等符号信息载体;空间上的分布性是指地理数据具有空间定位的特点。

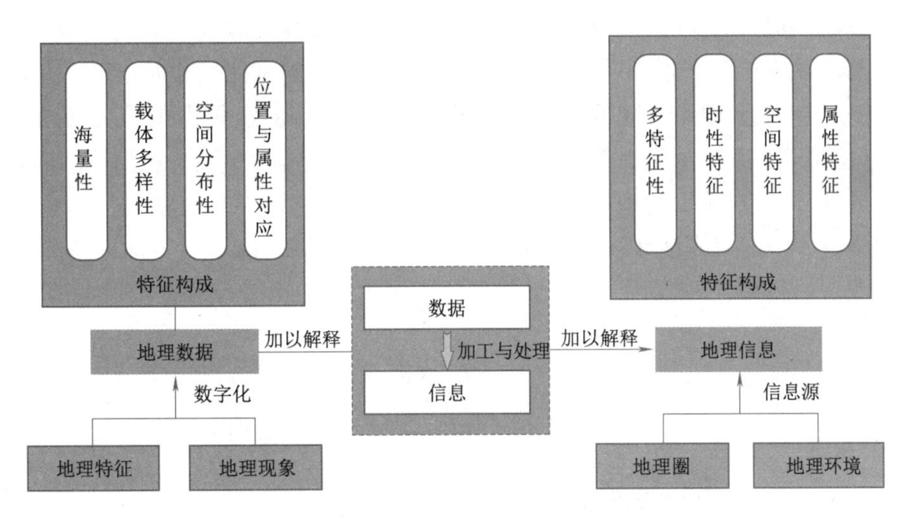

图7.4　地理数据与地理信息

地理信息是有关地理实体和地理现象的性质、特征和运动状态的表征和一切有用的知识,也是对表达地理特征和地理现象之间关系的地理数据的解释。地理信息具有多维的结构特征,在二维空间编码的基础上实现多专题的第三维信息结构;同时地理信息具有十分明显的时序特征,可以按照时间的尺度将地理信息划分为超短期、短期、中期、长期与超长期。正是地理信息的这种动态变化的特征对信息的及时获取、定期更新提出了较高的要求,特别是地理大数据的到来为地理信息的发展带来了机遇与挑战。大数据时代对信息的共享、信息的挖掘以及信息的整合表现出强劲的需求,地理设计、地理分析和地理评估的价值也正在逐步彰显,地理信息的价值得到空前的提升。

地理信息组织主要是指地理实体、过程及现象的信息按照表达的含义、信息产生的过程和信息使用特点等进行有机的组织管理过程及呈现形式(见图7.5)。其核心的目标是服务于地理信息的有效使用。面对地理空间信息的获取、加工生产和使用的领域特点的差异性以及地理信息有关的共享机制、标准规范的不一致特性,必然会导致在地理信息的获取、加工生产和使用中出现异化现象、甚至无序状态,给地理信息有效、有序的统一管理使用带来不便、甚至很大的困难,而科学合理的地理信息组织可以大大改变这一状况,为地理信息的获取、深加工、高效使用带来了很大的方便和裨益。从用户角度讲,所使用的地理信息往往需要拥有合理描述的元数据、有效的时空序列特性以及具有完备的数据逻辑一致性,因而从地理信息的获取和加工生产的角度来看,当前地理信息在内容、时效性、精准度度量、格式等方面仍存在巨大的差异,这也导致了地理信息在相关生产定义描述和应用情景中出现语义歧义、凌乱、数据不一致、数据异构等一系列的问题,至此只有从数据的获取阶段就将地理信息进行有结构的组织,并泛化组织关联地理信息自身特性和领域情景应用的特点,遵循相关国际、国家及行业等标准规范,才能加工生产出具有广泛可用性、标准化的地理信息产品;从地理信息产业发展的角度讲,地理信息(产品)的标准化是地理信息产业发展的基础,只有将地理信息在结构化的组成和呈现中不断追求标准化,才能在地理信息的获取、加工生产、应用及增值服务等环节规模化、增值增效而进一步推动地理信息产业的发展;在地理信息基础设施建设方面,不仅包括地理信息更为有效地利用的描述、组织和呈现表达、相关标准规范和政策法规的制定等,还包括地理信息高效、规模化的获取、加工、交换、共享使用等一系列基础性的软硬件环境建设等,它是国民经济信息化基础建设的重要组成部分,旨在减少地理信息的社会生产成本,提高其使用效益,完善的地理信息基础设施是一个国家或地区社会经济快速发展的重要基础,能够有力地推动和促进相关产业业态的新兴、快速发展,有效助力保障经济建设、公共安全和社会服务等。

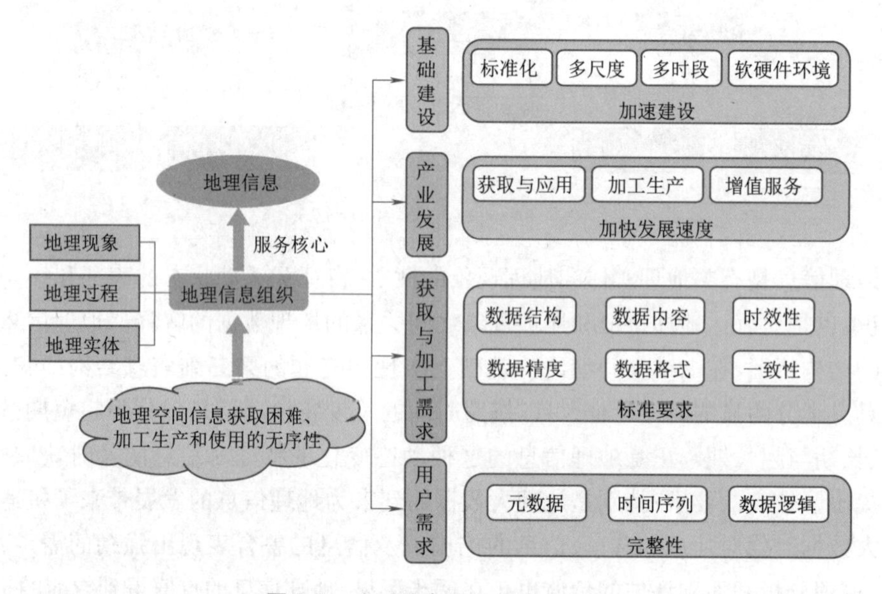

图 7.5　地理信息组织与地理信息

7.2.2　地理信息框架体系

地理基础信息框架以描述向用户提供(区域)地表/地球基础性的各类专题地理要素的信息,要求数据内容覆盖面广,数据类型齐全,且能够完整地获取各个专业所需的地理空间信息。其基础的地理信息框架主要包括地理空间术语、基于地理坐标的空间参考、地理点位置的经度、纬度和高程、地理格网、线性参考系、空间模式,以及地理信息的分类体系、元数据、地名数据。地理信息标准框架体系是为了适应当前信息化和网络环境下的地理信息技术和产业发展的需求而生成的，它可以促进地理信息资源的建设、协调、集成与交流，进一步优化地理数据资源的开发与利用，提高地理信息对经济社会发展的保障能力和服务水平，推动地理信息共享共建以及产业的发展。地理信息框架体系的构建需要遵循全面性、先进性、系统性、适用性与可扩展性的原则，要保证将近期地理信息技术和产业发展所需的标准列清，并将其放入相应的类别中，使得整个框架体系保持协调一致，互相配套，构成一个完整的整体，同时随着地理信息大数据时代的快速发展以及地理信息产业化的推进不断充实、调整和完善，从而保证整个框架体系与时俱进。

国家标准的地理信息框架体系主要由通用类、应用服务类、数据资源类、环境与工具类、专业类、管理与专项七大类构成，包括44个小类(见图7.6)。其中前五大类框架体系主要为地理信息基础类、支持专业类和专项类。与地理信息息息相关的专业类是面向各个专业领域对地理信息的需求，对地理信息基础类标准进行扩展和裁剪而形成的。国家标准地理信息体系框架共列出211个，其中通用类标准类31个，占比14.7%；数据资源类83个，占比39.3%；应用服务类55个，占比26.1%；环境与工具类11个，占比5.2%；管理类24个，占比11.4；专业类2个；专项类5个。

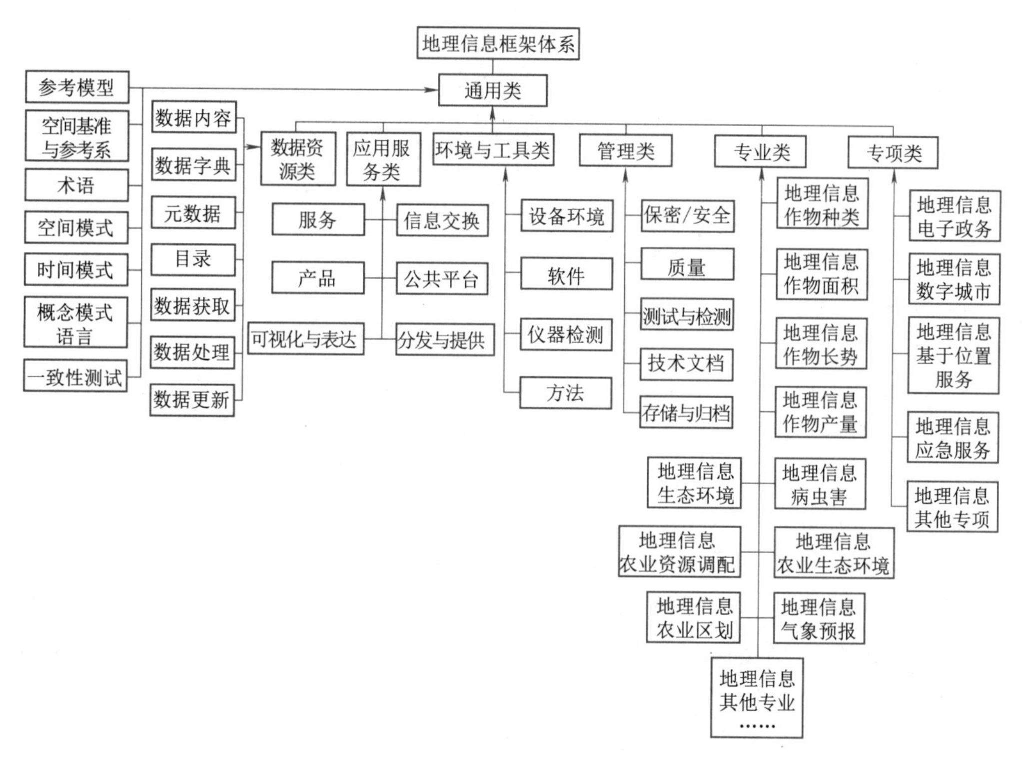

图7.6　地理信息框架体系

7.2.3　基于元数据的地理信息组织和使用模式

1.元数据在地理信息组织中的一般作用和功能

元数据是关于地理相关数据和信息资源的描述性信息，具有完整性、准确性、结构性的原则,通过对地理数据的内容、条件、质量等特征进行描述和说明,从而帮助用户对当前的地理数据进行有效的定位、评价、获取、比较和使用。元数据在地理信息组织中发挥着数据分析、保证数据的完整性和可扩展性、浏览查错以及程序生成的作用。在地理信息的数据分析的过程中需要有元数据的支持,如在叠置分析中需要将获取的数据的空间信息与相应的空间特征合并在一起,将获取的数据结构信息与相应属性信息结合在一起,最后通过数据的结构信息把分析结果存储到新数据中。在对数据集空间与属性特征进行浏览时需要解释数据的结构和具体内容,元数据是必不可少的,并且在查错过程中使用地理信息的元数据有助于检测数据处理及系统的运行状态。

元数据的结构和功能如图7.7所示。

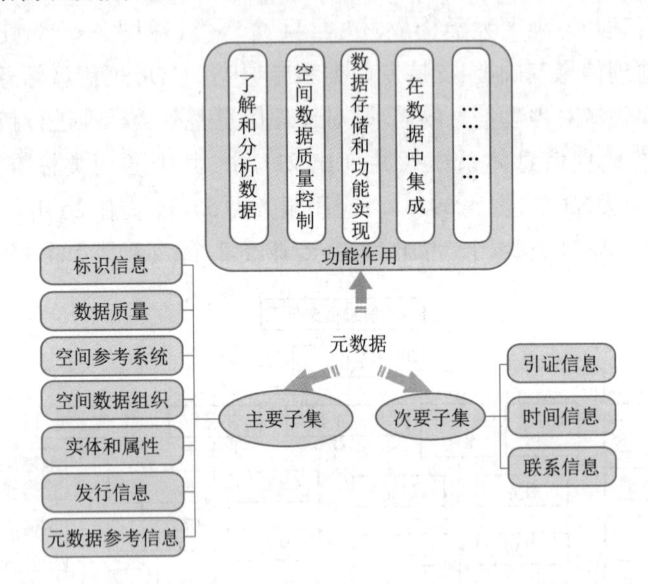

图7.7　元数据结构及功能

元数据在地理信息组织中的作用主要集中在数据的分类、数据的历史记录、地理数据集内部组织和可读性几个方面,其中在分类过程中可以利用元数据确定地理信息的一些核心问题,如地理应用中的作者、主题、专题、比例尺以及数据的格式和结构、所承载的物理介质和格式等信息;在历史记录方面,利用元数据可以对地理信息进行有效的存储、更新、生产和维护;在地理数据集的内部组织方面,通过元数据可以将数据集按照一定的格式支持数据的应用与共享,从而实现对数据集的合理评估;在可读性方面,利用元数据可以使计算机能够按照标准的格式进行定位并查找信息,从而对地理信息进行有效的管理。

元数据在地理信息组织中的功能(见图7.7)主要有:

(1)获取所需要的目标数据。用户可以通过元数据来对地理信息组织中的地理数据库进行浏览、检索并分析,弄清楚诸如数据的质量如何,数据的覆盖范围、源空间数据的投影方式、数据精度、生产日期等问题,从而确定是否需要该地理数据。

(2)对数据进行质量评价与控制。源数据的精度以及数据获取设备的精度,数据的加工处理中的质量控制等都是影响数据质量的重要因素,通过元数据对数据的描述可以准确地获取当前数据的组成、表征内容、数据的来源、数据的加工处理过程以及数据解译等信息,从而对数据进行有效的质量评价。

(3)对数据实现有效的存储和管理。通过元数据对地理信息进行有结构化有组织的管理,可以有效降低数据的存储空间,减少用户在查找数据获取数据过程中的时间,降低数据管理的费用,以实现地理信息组织的有效运行。

2. 元数据在地理信息组织中的使用模式

在地理信息组织中,元数据通常按照元素性质进行组织管理,这也是元数据在地理信息组织中的常用使用模式,它由唯一的标识一个数据集来说明所处的空间、时间范围、状况、法律限制以及保密限定所需的信息元素所构成的表示信息子集等。另外,元数据也按照功能进行地理信息的组织,即将元数据分成结构性元数据、描述性元数据、功能性元数据进行组织。元数据还按照地理信息的重要程度进行组织,它可以按照元数据的使用频率程度和重要性差异将元素分成核心元素和一般性元素,其中核心元素是所有类型的数据所共有的,在区分核心元素与一般元素的基础上又对核心元素按照不同的侧面进行了分类。面对大数据时代地理信息数据的飞速增长,通过建立若干分布式相对独立的元数据仓储,并将它们分别对应不同的部门或地区,通过元数据交换标准来实现地理信息的共享和分布异构系统的集成将是元数据在地理信息组织中重要的使用模式。

7.2.4 基于大数据共享的地理信息数据服务体系

测绘技术、物联网、云计算、3S 技术、北斗卫星导航系统、移动互联网、传感网和智能移动设备的快速发展,使地理信息数据的获取效率高,数据量的飞速增长,需要建立数据库进行数据的存储、数据标准化、数据格式的转化、数据查询、数据编辑、数据分析、数据深度挖掘等过程,实现对已有地理信息大数据的科学分析以及未来卫星数据的集成应用,提高地理科学大数据共享和互通能力,推进大数据驱动的科学研究范式的探索,以及更完备的地理信息、服务体系的建立、完善和升级。

海量的地理元数据需要一个数据仓库来对数据进行存储与分析,而数据库则是面向主题的、集成的、稳定的、随时间变化的数据集合,用于支持管理决策的过程。数据库具有以下特征:

(1)集中控制特征,即对数据以某一种关系的方式集成在一起以满足不同用户和应用的需求。

(2)数据独立性特征,即数据不会因应用程序的不同而改变数据的性质。

(3)稳定性特征,即要求数据库能稳定的满足用户的操作及维护数据安全。

(4)及时更新特征,即在时间维度和空间维度上,数据库能自动或手动更新数据库来满足目前的要求。

当今大数据背景下,地理大数据的流动性正在逐渐增强,地理信息共享数据库的需求不断增加,建立共享数据库势在必行。例如,Google Earth Engine 和 Data Cube 为代表的新型地理信息开发共享服务数据库,用户可以免费下载数据以及大规模影像在线分析；我国多方权威人士亦积极倡导、多个领域正积极筹建能够共享数据、代码、方法等的基础性开放地理大数据平台，以满足国家、地区或行业领域庞大的地球大数据的集成应用需求。针对地理信息大数据的发展状况受政策、技术和制度等多方面影响的原因，地理信息服务的功能有待提高，地理大数据的共享程度和数据应用深度与广度仍需不断加强，地理大数据的潜在价值还未被充分地发挥出来。因为通过地理信息共享可以节约地理信息对数据的采集、分析与整理过程中人力、物力和财力的投入；同时，可以显示、查询、检索和下载全球的数据使地理信息得到最充分和及时的共享；亦是实现全球、地区、区域范围内信息化的前提条件和根本目标，因此建立基于大数据共享的地理信息服务体系十分重要。

综上所述，通过对元数据的标识、筛选、标准化，确定核心元数据参考信息、空间参照系统信息、数据质量信息、分发信息等过程，把这些元数据存储在共享数据库中，实现数据格式转换、数据编辑、数据分析、数据显示、数据存储、数据查询、开放共享等功能，能够将海量的地理大数据聚集成一个协调的整体，以实现功能交互、信息共享和数据通信等功能的地理信息集成系统，最终实现满足用户需求的地理信息服务系统（见图 7.8），如农作物病虫害监测服务、智能化终端查询服务、气象灾害监测服务、专家咨询服务、生态环境监测服务和国土资源监测服务等。

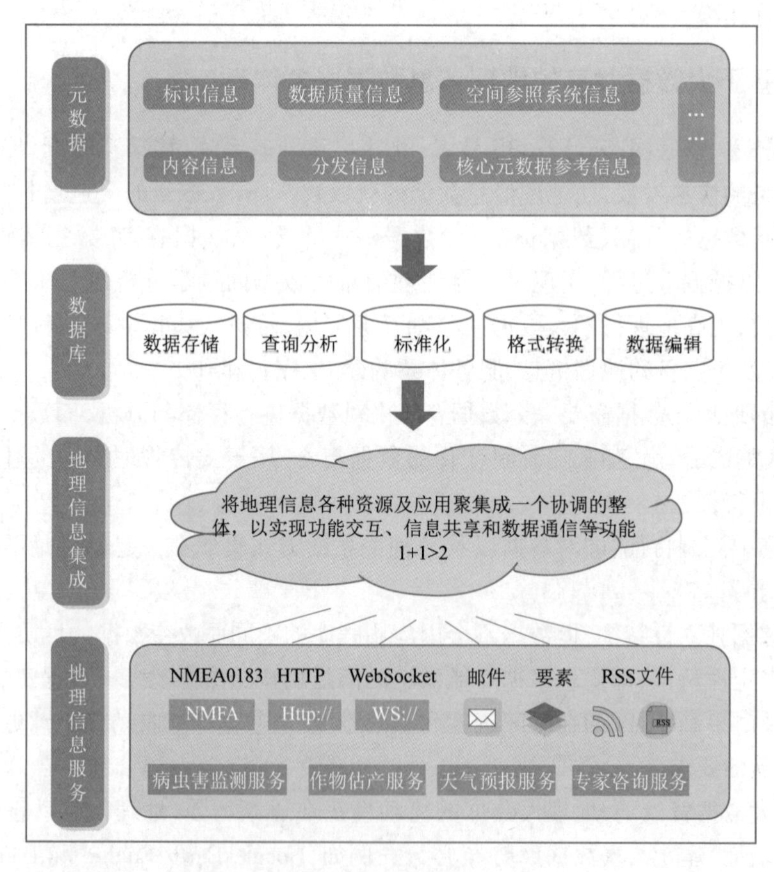

图 7.8　地理信息服务系统

7.2.5 农业智能系统中地理信息的运用与典型案例

1. 在农业智能系统中地理信息的运用

在农业智能系统中，地理信息发挥着重要作用，在视频采集系统、数据采集系统、无线传输系统、控制系统和数据处理系统等环节提供重要的地理信息。其中在视频采集过程中，通过在不同的农作物地块安装高精度的网络摄像头，将带有地理信息的农作物生长实时影像传输至决策中心或用户中心，实现对不同地区农作物的实时监测。在数据采集系统中，通过安装在不同地块的光照、温度、湿度、土壤水分等传感器，获取当前时期不同地块的各种农作物生长环境变化信息，并绘制成各种田间信息的空间分布示意图，以二维甚至三维的形式展现出来，如农作物病虫害覆盖图、农作物产量分布图、土壤有效肥力图等农业专题地图，为农业智能系统提供数据支撑。在数据处理系统部分，通过对所获取的农作物地理信息及生长数据进行综合性分析处理，准确判断当前农作物的生长状态并对可能发生的农作物病虫害等进行及时预警，并给与相应的应对策略。在控制系统中，对数据处理系统所做出的决策进行实施，如对决策系统中判断的某个农作物地块所发生的病虫害情况，及时控制农业喷洒设备到指定区域进行精准的农药喷洒；对肥力降低的地块及时自动施肥，并自动调节不同区域不同农作物类型所需的土壤水分，从而达到农作物生长所需的最佳环境。

2. 典型案例及分析

国外将地理信息应用到智能农业系统中已经有多年的历史经历，早在 2002 年，英特尔公司就在俄勒冈地区建立了世界上第一个无线数字化的葡萄园，将多个传感器节点分布在葡萄园的各个角落，通过间隔 1 分钟一次的频率实时监测葡萄园中土壤的湿度、温度以及不同地块的有害物数量。葡萄园气候的细微变化对葡萄酒的质量影响极大，而通过传感器来实时精确地掌控葡萄生长状况可以更好地提高葡萄酒酿造的质量，同时通过长年的数据记录，可以进一步精确地掌控葡萄酒的质地与葡萄生长过程中的温度、日照时间强度、湿度之间的关系，为今后葡萄园的精细化管理提供依据。2008 年美国的 Crossbow 公司曾开发出一款基于无线传感器的网络农作物检测系统，通过太阳能为其提供电力，实时监测土壤的湿度与空气的温度，并通过互联网将农作物的健康、生长情况等信息传输给用户。日本的富士通公司开发的富士通农场管理系统以全生命周期农产品的农产品质量安全监控为重点，带动设施农业生产、智能水产及智能畜禽的养殖，实现养殖场的远程监控与维护，水产的智能化养殖。另外，国外还将人工智能引入智能农业系统中，Infosys、IBM Watson InT 和 Sakata Inc 在美国加利福尼亚地区布置测试机床，利用基于机器视觉的无人机、环境和土壤等传感器进行全方位、立体地采集植物高度、土壤肥力、空气湿度等多种地理信息数据，将其传输到 Infosy 信息平台进行大数据的管理与人工智能技术分析，最后将结果反馈至企业 ERP 系统、植物育种研发系统，从而指导下一步的生产和育种工作。

国内的极飞地理精准农业空间数据运营中心通过将地理信息与农业大数据深度融合，建设精准农业空间数据运营中心，基于一张高精图和农业物联网设备（见

图7.9)的应用,开发了农事管理系统、时空溯源系统等多个模块,以实现田间的精细化管理。通过空间具象系统中测绘无人机拍摄1:500/1:300的高清农田地图,实现田间精细化管理,农户可以通过空间数据管理系统规划管理农业生产,合理安排农作物种植;在农事管理系统中通过构建农业生产全过程的信息平台,实现资源的有效配置,通过气象、气候、病虫害等监测情况,及时预测植保和农事的需求,并对日常田间的操作、物资调度、财务等多方面进行记录,以方便后期的调取和田间溯源。在时空溯源系统中极飞智能农田监测站可以提供精确的气象预报,如湿度、气压、风速、光照强度、风向、降雨量等多种地理环境要素信息,并对农作物的种类、品种、生长周期进行管理。

图7.9　农业田间小型气象环境监测站

7.3　遥感技术

7.3.1　遥感技术概述

遥感是一种不与物体接触即可对物体进行遥远的感知、测量、分析并对该物体进行定性和定量描述的一种感知技术,主要是指通过卫星、飞机、无人机等观测平台从空中或空间观测和感知人类赖以生存的地球(见图7.10)。任何物体都具有反射电磁波的能力,遥感技术所探索的波段主要有紫外线、可见光、红外线和微波,其中太阳是发射电磁波的源头,通过太阳所发射的电磁波经过宇宙和大气层照射到地面,其中一部分被物体所吸收,另一部分被反射出去,根据不同的物体在不同的时间、地点及不同的太阳高度角照射下具有不同的吸收、反射光谱特性,而遥感技术正是利用物体的这种特性对对象所产生的电磁波进行捕获和分析,从而得到所需信息。

遥感技术最早出现于19世纪初期的摄影技术中,通过照相机和胶片把看到的东西保留下来,但这仅仅是在可见光范围之内,之后在战争的趋势下,开始逐步向红外和微波方向延伸,其中第一次世界大战促使遥感走向空中,出现了红外探测技术,1903年飞机的出现使得航空遥感开始逐步发展,主要用于工程建设、地形与地图制图、农业资源调查、地质勘探等方面；第二次世界大战促进了雷达技术的发展，到了冷战期间空间技术的发展为遥感技术的突进创造了良好的条件，各种遥感卫星开始出现，不过主要用于军事领域，冷战结束后开始逐步转向民用，在资源探测、环境监测、灾害评估等方面发挥着巨大的作用，卫星遥感开始呈现一种百花齐放的繁荣局面。

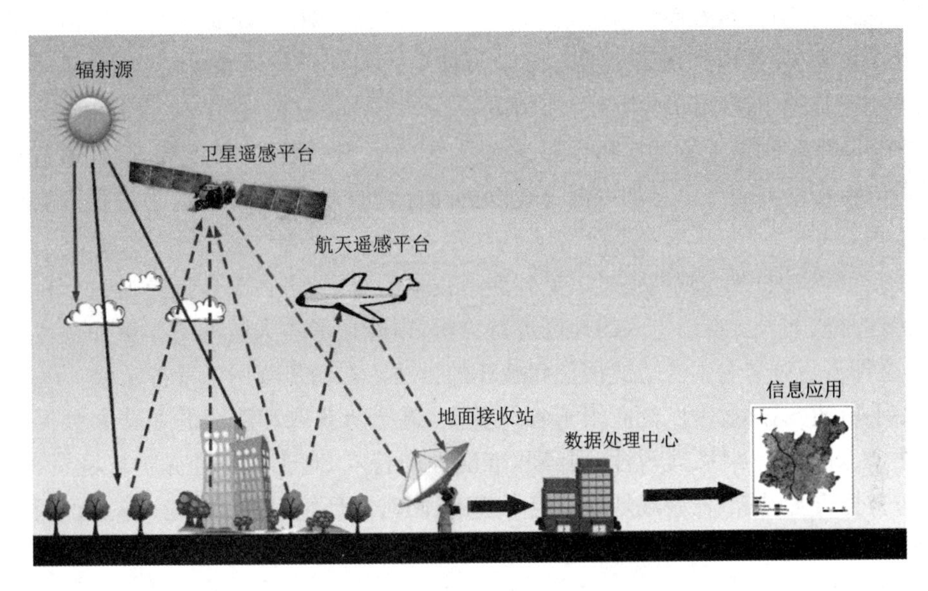

图7.10　遥感技术原理示意图

遥感技术在各个领域（见图7.11）的应用均有很大的进步并有着广阔的发展前景。

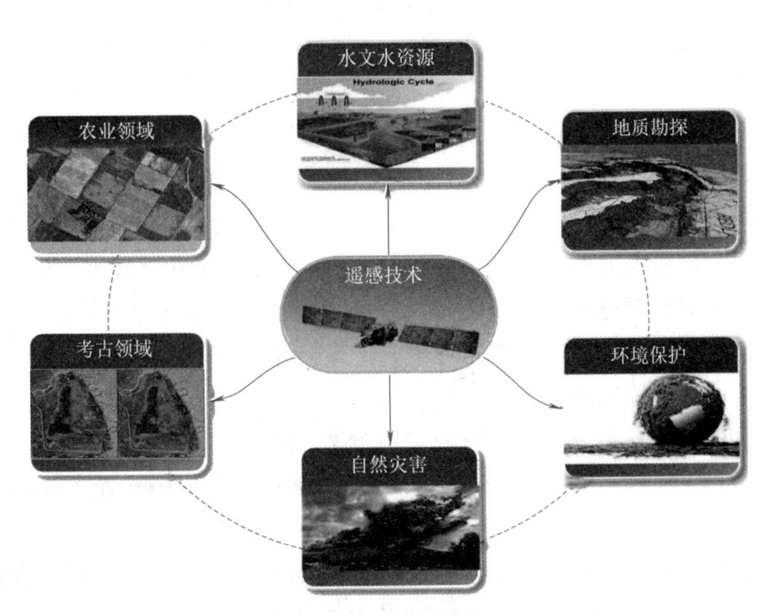

图7.11　遥感应用领域

在农业方面的应用主要是通过研究并改进相应的经验模型和辐射传输模型，建立起农作物与农田环境参数的遥感定量反演技术,利用遥感定量获取相关农作物生长的关键性参数,为农作物生长模型和估产研究提供可靠信息。

在水文水资源领域中通过遥感对降水量蒸发量和水中悬浮物的监测、径流量的预测预报以及水文灾害的预防,从而提高水文资源探测的质量与效率以实现资源的高效利用。在地质勘探领域通过遥感探测器或者相关遥感图像等提取岩矿蚀变情况及地区的地质信息,判断出当地是热液与原岩所发生的相互作用还是成矿作用,从而根据蚀变类型确定地下矿物的种类及分布情况。

在环境保护领域遥感的应用主要为水质、空气质量、植被覆盖度等方面,通过遥感技术可以将各个方面的信息加以汇总并以更加合适的方式呈现出来,为决策者提供更好的依据。

在新型领域如考古领域也可以见到遥感技术的身影,考古工作人员通过分析电磁波的特性对地下人员难以进入的地区进行分析,以降低考古人员的工作量加快考古的进度,这种不会对文物本身造成损伤和破坏的方法正在初步应用于考古领域。

综上所述,遥感技术广泛应用于各行各业,遥感所获取和形成的遥感大数据具有海量性、宏观性、全面性、客观性、现势和准确性的特点,对于了解和保护环境资源、预测预防自然灾害、城市发展规划等奠定了基础,同时对环境、土地、农业、林业、水利、城市、海洋、资源等领域的发展具有重大的作用。

7.3.2 遥感图像处理

遥感图像作为遥感技术中一种重要的信息源,已被广泛应用于农业、环境、生态、资源、空间信息等领域,因此,遥感图像处理显得尤其重要。遥感图像处理主要是对遥感影像进行几何校正、辐射校正、镶嵌、融合分类等一系列处理,从而实现预期目的的一种技术手段(见图7.12),处理的类别主要有光学和遥感数字图像两大类。其中光学影像主要依靠光学或电子仪器,用光学的方法处理图像,这种图像处理精度较高,可以更加准确地反映真实地物,目视效果较好,但随着计算机技术的飞速发展,将光学图像转为数字图像可以利用计算机的优势来构建以满足特定需求的遥感处理系统,更加快捷高效地提取出所需要的遥感信息,因此数字处理方法正在逐步取代光学方法,成为遥感图像处理的重要方式。

辐射校正的目的是为了减少不同时相下遥感影像之间的辐射差异,主要分为绝对辐射校正和相对辐射校正两种。

绝对辐射校正是利用相应传感器的定标参数、太阳天顶角、大气校正参数和相应的校正算法建立辐射校正模型,利用模型将遥感影像中的灰度值转换为地物真实的光谱反射率。

相对辐射校正则在不需要任何参数的情况下用地物的灰度值来替代光谱反射率,建立波段间相应的校正方程,从而达到遥感图像辐射校正的目的。

由于遥感影像产生的过程中存在几何形式和位置的变化,甚至是影像的扭曲和挤压,几何校正的目的就是为了消除这些畸变,使其与真实的地理坐标一一对应。常见的几何校正模型有严格物理模型、有理函数模型和多项式模型。多项式模型是目前几何校正过程中使用率较高的一种方法，其校正原理相对较为简单且与遥感卫星的成像传感器类型无关，也不需要知道传感器成像时地点和姿态角的信息，对小幅高分卫星影像适用性较高。

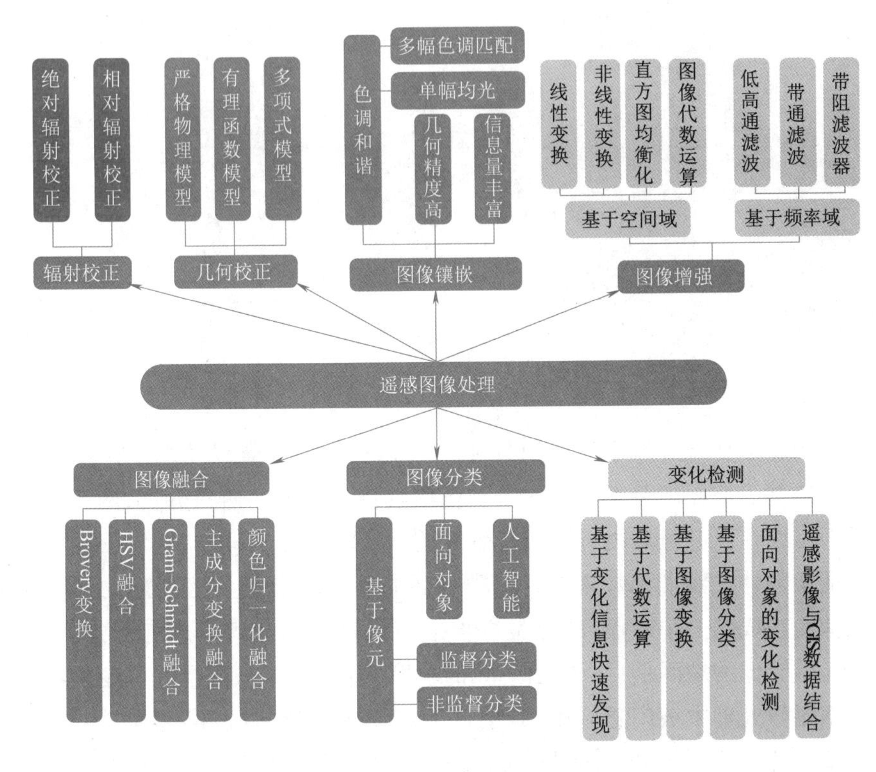

图7.12 遥感图像处理

在实际使用过程中单幅的遥感影像往往并不能满足研究的需要，因此图像镶嵌技术随之出现。图像镶嵌主要是将多个具有一定重叠区域的图像在同一坐标系下进行拼接，从而得到一幅完整的图像。色调和谐、几何精度高和信息量丰富是衡量一幅影像镶嵌质量的重要指标。其中色调和谐是最重要的一项，目前关于色调一致性处理的方法主要分为单幅影像匀光处理和不同影像间的色调匹配两种。遥感图像增强主要是为了突出图像中的有用信息，消除或弱化不需要的信息，主要分为基于图像空间域的增强和基于图像频率域的增强（见图7.13），其中基于空间域进行增强的灰度变换主要是基于点的操作方法，如线性变换、非线性变换、直方图均衡化、图像代数运算等；基于频率域的图像增强主要是以傅里叶变换和卷积为基础，常见的算法有低高通滤波、带通滤波和带阻滤波。

遥感图像融合就是将不同平台上所安装的不同的传感器在不同空间与光谱分辨率下所产生的遥感影像相结合，从而得到一幅比原始数据更加详细的遥感影像。常见的融合方法主要有Brovery变换、HSV融合、Gram-Schmidt融合、主成分变换融合（PC融合）和颜色归一化融合（CN变换）等，其中最常见的融合方法为HSV融合和Gram-

Schmidt 融合。HSV 融合是先将 RGB 颜色空间转换为 HSV 颜色空间,之后再利用较高分辨率的图像替换 HSV 图像中的 V 波段,最后再转换成 RGB 颜色空间,从而得到融合后的遥感影像。

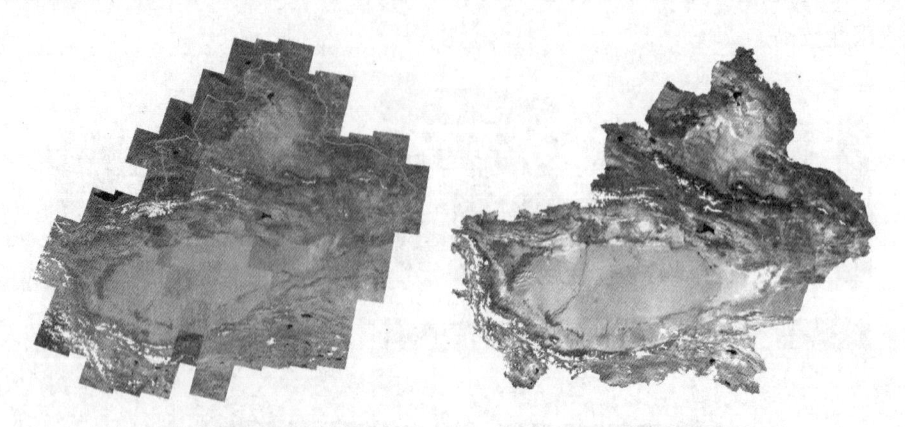

图 7.13　图像镶嵌增强前(左)和图像镶嵌增强后(右)

遥感图像分类可分为基于像元的分类和面向对象的分类以及基于深度学习的分类方法。其中基于像元的分类方法中主要包括监督分类与非监督分类,两者最大的区别在于是否需要在研究区域内选取有代表性的训练场地作为样本,然后根据已知的样本选择特征参数建立判别函数来进行分类。面向对象的分类方法处理的最小单元是多个邻接像元组成的一个对象,在分类过程中不只是利用光谱信息进行分类,而利用最多的是遥感影像的空间信息、语义信息和纹理信息。近年来盛行的深度学习的分类方法在遥感图像处理中被广泛应用,它结合了监督分类与非监督分类的特点,可以更好地适应多维的遥感影像分类,是目前最受欢迎的分类方法。遥感图像的变化检测在遥感图像处理中占据着重要的地位,对此国内外学者提出了许多变化监测算法,按照分类的前后顺序将变化监测算法分为直接比较法和先分类后比较法两种。其中直接比较法利用多幅遥感影像中的像素的灰度变化信息构建差异图,并与其他算法相结合,以此来对变化的结果做定性和定量的分析;而先分类后比较法首先需要将必要的地物进行分类,之后再根据得到的地物特征进行比较,得到最终的变化差异图。

随着遥感大数据时代的到来,遥感数据的总量和传输速度远远超越了目前所拥有的存储和计算容量,为了解决这些问题,云计算利用相关的数据处理流程算法和工具整合遥感数据,将批量遥感数据的传输、存储和处理放在云端去解决。目前遥感云计算数据处理主要包括数据的接收与记录、数据预处理、数据深加工处理、数据产品存档和发布、信息提取与参数的反演以及专题应用六个环节。为了从海量的遥感大数据中获得有用的信息,遥感云计算需要通过不断地分析、推理和处理,形成一种新的信息、知识和数据,这已经成为遥感数据挖掘的一种模式。

7.3.3　遥感技术在农业中的应用

遥感技术具有大信息量、快速无损、高精度、低成本、多获取手段等特点,现已被广泛地应用于农业管理和监测等各个方面。20世纪70年代美国和一些欧洲国家就开始将遥感技术应用在农业上，之后随着批批可用于遥感的民用卫星陆续发射，以及遥感与GIS、GPS、物联网以及大数据的联合，农业遥感技术的研究与应用在深度和广度上都有了显著进展，遥感在农业环境调查、农作物监测、农作物估算、现代农业等方面也都有广泛的应用（见图7.14）。

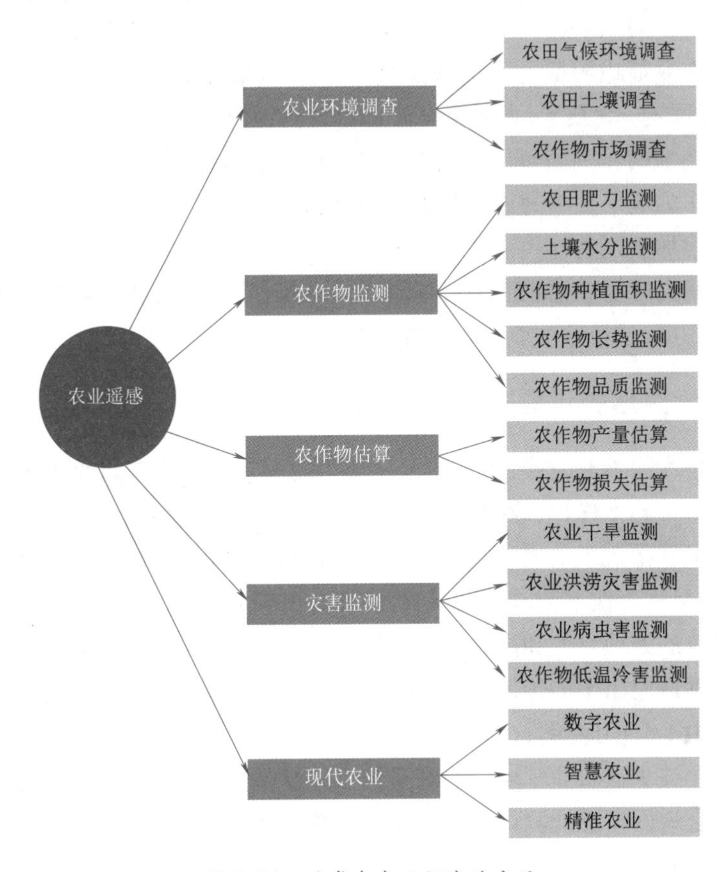

图7.14 遥感在农业领域的应用

农业环境是指围绕农业这一主体的一切客观物质条件、空间条件以及社会条件的总和。农业环境质量恶化不易察觉且难以恢复。综合利用多种遥感技术手段可对大部分农业环境要素进行调查，包括水土流失监测和评估、土地沙漠化监测和评估、湖泊面积监测、地表水水质监测、土壤肥力监测等。

农业遥感中的农作物监测主要是指对农作物种植面积及长势和品质进行监测，并以此对农作物产量进行估算。基于不同农作物光谱曲线及生长曲线形状的差异，利用遥感数据可实现大面积的农作物检测识别，从而获得特定农作物的种植面积。针对农作物生长发育不同阶段的特点，设计专用遥感数据处理模型算法可实现对农作物的长势的监测，从而为农作物估产和农业灾害损失评估提供直接依据。我国从20世纪80年代就开始利用遥感影像估算农作物产量，已经在各省市农业农村相关工作中发挥着重要作用。

我国幅员辽阔，人口众多，自然灾害发生的总体概率相对较高，对农业生产的影响十分严重。受灾农作物往往表现出与正常农作物不同的光谱曲线特征，故而通过构建各类专用遥感反演模型，可及时精准地对旱灾，洪涝灾害，低温冷害，生物灾害(病害、虫害、有害入侵植物等)进行监测和评估，为国家和地方相关部门准确掌握灾情，制定科学有效的防灾减灾政策和措施提供有力支撑。

随着科学技术的不断进步，传统农业亦逐步向精细农业、数字农业、智能农业、智慧农业等现代农业形式转型。目前，我国正处在信息化与农业农村现代化的重要历史交汇期，随着互联网、3S 技术、大数据与云平台、物联网、云计算、人工智能、无线通信技术等现代信息技术的快速发展，智慧农业在实施乡村振兴战略中起着愈加重要的作用。遥感技术作为这一变革的重要基础与推动力贯穿始终，并且在智慧农业建设和实施阶段发挥着愈加重要的作用。作为重要的精准的农田/农作物信息获取手段，遥感技术在区域田间尺度精准播种面积、作物长势、产量估算、灾害损失的评估等方面都具有不可替代的作用，是智慧农业得以实现的重要技术基础。

7.3.4 基于大数据的农业遥感技术应用

随着遥感技术的不断发展，由不同的空间与波段分辨率，不同的成像方式所产生的遥感影像数据日趋多样化，数据的更新周期逐步缩短，获取速度越来越快，使得遥感影像的数据量呈现指数级的增长，逐步进入遥感大数据时代。在这个大数据充盈的时代，遥感数据也呈现着快速流转、数据结构多样化的特点，面对多样化类型的海量遥感大数据对其有效的处理方法和高效的计算能力提出了新的、更高的要求。如何发挥遥感大数据在各领域应用中的价值作用，如深入挖掘其在资源开发、经济建设、生态环境监测与保护等中蕴含的应用价值是未来遥感大数据技术应用发展的重要方向。

遥感大数据技术在农业领域中也有了较为广泛的应用，利用高、中、低空遥感多平台的优势且结合地面遥感观测体系及其他数据采集体系(如物联网观测网)，实现天空地大数据协同对农业资源与环境、农田作物品种、生长状况及产量、病虫害以及土壤墒情、干旱与洪涝灾害等进行精准、快捷、低成本的多尺度、多时相甚至全天候、全天时的连续动态观测以及监测预警与预报和评价，以实现对监测目标的实时监管及及时精准施策等。在农业遥感大数据的智能信息处理方面，实现遥感大数据技术与人工智能的深度融合，引入深度学习技术，大大提高遥感图像分类和农田目标地物检测识别的精准度和效率；但需要指出的是，农业遥感大数据智能信息处理在普适性方面存在明显的不足，以及基于多元先验信息知识结构化的有效深度协同实现遥感多目标精准检测识别的理论方法与应用等方面，还有待深入探索与研究。在数字农业与智能农业助推智慧农业发展方面，各种遥感技术是其基础性支撑条件，依此而基于遥感大数据构建智慧农业数据处理体系、发展遥感大数据高效智能处理分析模型，探索构建遥感大数据的动态服务模式和有效的共享服务体系，从而发挥遥感大数据技术在智慧农业的数据动态获取、信息高效管理、处理和共享服务中的基础性支撑的重要作用，实现遥感大数据推进数字农业与智能农业、智慧农业的建设与发展。

7.4 全球定位系统

7.4.1 全球定位系统概述

具有全球导航定位能力的卫星定位导航系统统称为全球卫星导航系统(Global Navigation Satellite System,GNSS),目前主要有四大卫星导航系统,分别为中国的北斗卫星导航系统(BDS)、俄罗斯的格洛纳斯导航系统(GLONASS)、美国的全球定位系统(GPS)、欧盟的伽利略系统(GALILEO)。GNSS不仅可以为空间信息用户提供全球共享的授时信息、定位、导航服务,还可以提供全球高时间分辨率的微波信号用于遥感探测。不仅如此,GNSS为了进一步提高定位精度,还包括卫星导航区域系统和增强系统,区域系统有日本的QZSS和印度的IRNSS,增强系统有美国的WASS、日本的MSAS、欧盟的EGNOS、印度的GAGAN以及尼日利亚的NIG-COMSAT-1等。

GNSS定位原理主要是通过测量四颗或四颗以上已知位置的卫星与GNSS接收机之间的距离通过距离交汇的方式确定接收机的位置。如图7.15所示,GPS接收机为当前要确定的位置,S1、S2、S3、S4为定位所需要用到的四颗卫星,D^i为四颗卫星到GPS接收机的真实距离,由于存在各种误差的影响,实际所测得的D^i并不是真实的距离,这里用ρ_c^i表示第i颗星修正伪距测量误差后的伪距,用(x^i,y^i,z^i)表示第i颗卫星的位置坐标,(x,y,z)表示用户的位置坐标,通过求解伪距观测方程中的四个未知数(用户的三维坐标和接收机钟差)方程式即可求得用户的真实坐标位置,这也是至少需要四颗卫星才能实现卫星定位的原因,解算过程如下所示:

$$\sqrt{(x^1-x)^2+(y^1-y)^2+(z^1-z)^2}+\delta t_{u,1}=\rho_c^1$$
$$\sqrt{(x^2-x)^2+(y^2-y)^2+(z^2-z)^2}+\delta t_{u,2}=\rho_c^2$$
$$\cdots$$
$$\sqrt{(x^i-x)^2+(y^i-y)^2+(z^i-z)^2}+\delta t_{u,i}=\rho_c^i$$

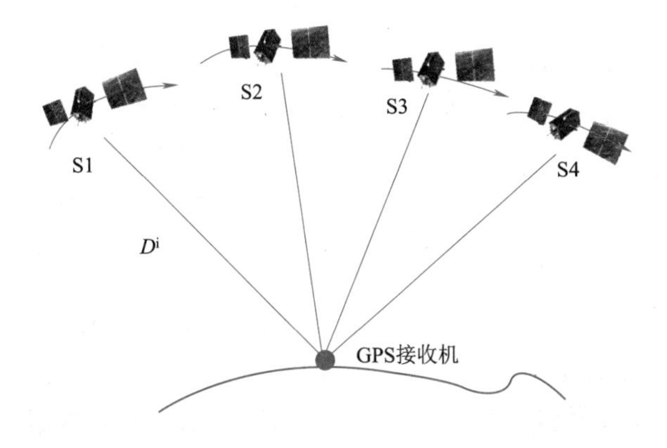

图7.15 卫星定位示意图

GPS是世界上第一个成功建立并提供导航定位服务的系统，它由美国于20世纪70年代末开始进行建设的第二代卫星导航系统，并于1994年开始运营提供定位服务，是目前卫星星座构成最完整，定位精度稳定并有着广阔的市场占有率的全球卫星导航系统。GLONASS系统由苏联于1976年开始建设，1996年建成，经历了俄罗斯经济动荡后于2011年底实现全球覆盖，目前该系统在轨卫星有26颗，其中24颗处于正常运行状态。伽利略系统是目前欧盟正在建设中的一个具有商业性质的民用卫星导航系统，于2003年开始建设，在2013年首次实现用户定位，2014年完成在轨验证任务，目前已在轨运行的有30颗卫星。北斗卫星导航系统是目前中国正在建设的独立运行、自主发展的全球卫星导航系统，2020年将全面建成覆盖全球的北斗卫星导航系统。自1994年启动北斗一号系统的建设以来，北斗卫星经历了三代系统的升级，截至2019年，北斗导航卫星系统已拥有46颗在轨运行。北斗卫星系统能够提供与GPS系统类似的L波段微波辐射信号，且未来将实现全球覆盖，同时更优于GPS系统的卫星轨道设计，应挖掘北斗卫星导航系统的遥感应用潜力，拓展北斗卫星导航系统在气象、海洋、陆地、地震等领域的应用深度与广度，实现基于北斗和GPS双模联合探测全球大气、水汽、海洋和陆表变量科学研究及多气象、土壤、水文、生态、地震等多学科的交叉创新应用。

7.4.2 全球定位系统的组成

全球定位系统(GNSS)主要由空间星座、地面监控和用户终端三部分组成，三者之间通过定位信号和控制信号的发送与接收实现整个GNSS系统的功能，然而三部分之间并不是双向传递信息的，用户终端部分只能由空间星座部分来传递信息，而空间星座部分既可以向地面监控部分和用户终端传递，也可以接收来自地面监控部分的数据，三者之间的信息传递关系如图7.16所示。

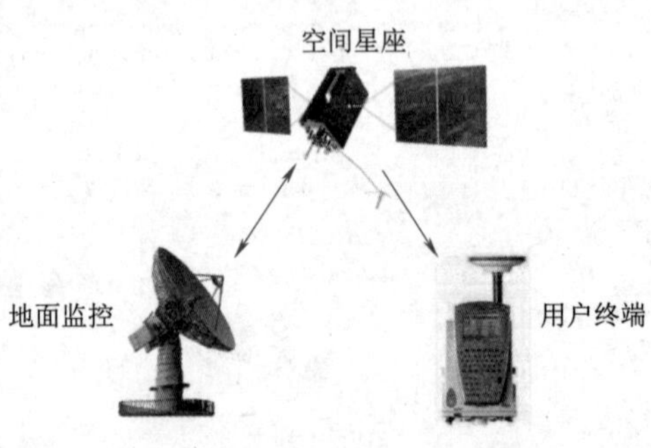

图7.16 GNSS三个组成部分

第一组成部分：空间星座主要是目前在轨运行的GPS、北斗卫星、GLONASS和Galileo四大卫星导航系统，其最重要的功能是接收地面监控部分所发出的导航信息，通过执行地面监控站发送的指令程序来处理必要的数据，最后将有用的导航信息发送给用户终端。

第二组成部分：地面监控在整个GNSS系统中发挥着举足轻重的作用，主要功能负责监控在轨运行的所有卫星、判断卫星工作状态、确保各卫星和主控站的时间保持同步、及时启用备用卫星并更新导航电文。在GPS系统中主要由主控站、注入站和监控站组成。其中注入站负责向GPS卫星传输数据；监控站负责对数据进行采集和处理；主控站负责将监控站传输的数据做汇总并发送给注入站，主要任务是向GPS卫星发送卫星导航电文、相应地区的气象数据和对卫星的控制指令等。

第三组成部分:用户终端主要由用户接收机组成,主要任务是完成对GNSS卫星的跟踪,并对天线接收到的卫星信号进行解调并进行相应的数据处理,最终得到定位所需要的导航电文和测量值数据,从而实现相应的导航定位等功能。

7.4.3 全球定位系统的应用前景

全球定位系统在测绘、交通、公共安全与救援以及农业领域均有着广阔的应用前景,特别是在大数据汇集的时代,海量、快速、多样、精确、有价值的GNSS大数据对GNSS的发展提出了诸多的挑战。未来,在数据管理与计算方面不应只局限于集中式的存储策略,要向海量GNSS数据的分布式存储与计算方向发展,构建分布式管理与计算平台,更大地发挥GNSS在大数据时代背景下的优势作用。

特别是在智能农业领域,通过GNSS的导航定位系统可以实现农机自动化作业,大大降低了作业的成本与人员伤亡的风险性。在农业机械控制中的应用主要为变量施肥播种机、无人驾驶拖拉机和联合收割机等方面。通过搜集当前田间土壤养分状况与农作物的生长状况,确定不同地块应有的施肥量和播种量,利用GNSS的导航定位系统引导农机到指定地点精准地施肥和播种,大大提高了作业效率;在农作物收割的季节,可以在联合收割机上安装全球定位系统与地理信息系统,利用GNSS的精准定位技术和产量传感器,可以获取到农田在不同地块的真实产量分布情况,后期将制约农作物生产的各种因素数据导入计算机,与真实农作物产量数据做相应的对比分析,找出影响农作物产量的原因,从而因地制宜采取相应的有效措施;搭载着GNSS系统的无人驾驶拖拉机可以在精准的定位系统的帮助下实现24小时精确作业,同时这种自动驾驶拖拉机可以大大节省驾驶室空间,减轻农机重量,搭载耕作的农具以提高作业效率。

在精准病虫害防治方面,通过分析搭载GNSS的高清视频摄像系统所拍摄的实时影像,收集原始田间数据,确定病虫害所发生的大小和具体位置,同时也可以通过逐次拍摄确认病虫害的数量,迁徙路线以及危害程度,最后利用搭载差分GNSS系统的飞机对农田进行集中大面积的喷洒。

在喷灌方面可以运用田间GNSS土地参数采集器采集农作物生长的土壤湿度、温度等环境参数,专家系统可以通过GNSS中心控制基站对农作物进行分析,调控植物生长的环境并精准地调节节水灌溉系统。在农作物资源调查与规划方面,相关技术人员可以利用手持的GNSS仪器对农田进行精准的测量,快速、高效地获取相应农作物的种植面积等信息,通过GNSS卫星导航接收机获取的农田定位信息可以通过GIS系统同田间的各种信息相结合,最终输出反应相应信息的专题示意图,如病虫害分布图、农作物产量分布图、土壤肥力分布图等,为精准施肥、病虫害防治、估产等提供依据。

第8章

农业大数据与智能决策技术

农业是生命之源、发展之基，农业领域具有浩大的数据基础。信息标识、感知、采集技术不断发展，各种智能传感终端在农业领域的广泛应用，使得生命数据、环境数据、实体数据能够快速精准获取，也使得农业数据来源更加广泛、更新更加迅速、类型更加多样。农业具有基本要素多样、资源环境复杂、生产经营分散等特征，从系统层面上考虑，信息产生设备、信息传播平台、信息存储环境等都发生了很大的变化，这为农业大数据的发展提供了便利条件。针对体量庞大、结构复杂、模态多变、实时性强、关联度高的农业数据，开展农业数据的采集、获取、预处理、存储、管理、处理、分析与应用等关键技术的研究意义重大。

8.1 农业生产与大数据

农业大数据是融合了农业地域性、季节性、多样性、周期性等自身特征后产生的来源广泛、类型多样、结构复杂、具有潜在价值，并难以应用通常方法处理和分析的数据集合。农业大数据在集成与共享各种涉农数据的基础上，通过对农业数据集进行深度挖掘和分析，发现隐藏其间的数据价值，大大提高了决策和管理水平。

农业大数据涉及水、土、光、热、气候资源以及作物育种、种植、施肥、植保、过程管理、收获、加工、存储、机械化等各环节多类型复杂数据的采集、挖掘、处理、分析与应用等问题。从领域来看，以农业领域为核心（涵盖种植、林业、畜牧水产养殖、产品加工等子行业），逐步拓展到相关上、下游产业（饲料、化肥、农药、农机、仓储、屠宰业、肉类加工业等），并整合宏观经济背景数据，包括统计数据、进出口数据、价格数据、生产数据、气象数据、灾害数据等；从专业性来看，需要分步构建农业领域的专业数据资源，进而逐步有序规划各专业领域的数据资源，如针对畜品种的生猪、肉鸡、蛋鸡、肉牛、奶牛、肉羊等专业检测数据等。

农业大数据保留了大数据自身具有的规模巨大、类型多样、价值密度低、处理速度快、精确度高和复杂度高等基本特征，并使农业内部的信息流得到了延展和深化。

农业大数据已经成为现代农业新型资源要素，其发展已经成为破解农业发展难题的迫切需要，是提高农业生产精确化与智能化水平、提升农业战略决策的定量程度与科学性水平以及推动数据密集型农业科学研究的重要途径与依托。

我国农业面临巨大的挑战,要实现"十三五"的目标并为"十四五"构建好的开局,需解决许多难题,调结构、增效益、提质量是解决问题的重要途径。首先,必须转变农业发展模式,调整农业生产结构,从供给决定消费的模式,转变为消费引导供给模式,最终实现结构动态平衡;其次,要加强对我国和世界农业形势的准确把握,尊重农业的客观规律,提高农业产业效率和农产品质量,保证农产品的安全供给;再次,通过产业融合,提升农业产业效益,实现"四化"同步,加快我国现代化建设步伐。为实现全球农业产业合理分工和布局,达到农业资源优化,必须转变农业生产管理和战略决策的模式,让数据说话,靠数据决策,增强管理和决策的科学性,必须全面加快农业大数据技术研究与应用示范。

我国政府高度重视大数据技术的应用与发展,从国家层面针对各领域实际情况制定了具体的推进策略和目标框架。作为我国战略基础产业的农业必须加强大数据应用,为我国传统农业的改造提升与转型过程争取重要的窗口机遇期。2015 年 8 月国务院印发的《促进大数据发展行动纲要》中,要求推进各地区、各行业、各领域涉农数据资源的共享开放,加快农业大数据关键技术研发,推动农业资源要素数据共享。2016 年中央一号文件指出要大力推进"互联网 +"现代农业,应用物联网、云计算、大数据、移动互联等现代信息技术,推动农业全产业链改造升级。2017 年 2 月农业部印发《"十三五"农业科技发展规划》更是坚持绿色发展理念,推动先进技术等在良种培育、高效生产、食品安全、资源化利用和装备制造等领域的广泛应用,逐步实现农业发展由依靠资源要素投入向依靠科技进步的转变。

农业大数据技术研究挖掘与应用为农业生产管理和决策提供方法论、技术体系和实现路径。为我国农业重大战略提供智能决策平台,为"三农"问题提供可靠的解决方案,为我国的农业科研提供崭新的技术范式。

8.1.1 大数据的起源和发展

随着计算机技术全面融入社会生活,信息爆炸已经积累到了一个开始引发变革的程度。它不仅使世界充斥着比以往更多的信息,而且其增长速度也在加快。21 世纪是数据信息大发展的时代,移动互联、社交网络、电子商务等极大地拓展了互联网的边界和应用范围,各种数据正在迅速膨胀并变大。互联网(社交、搜索、电商等)、移动互联网(微博、微信等)、物联网(传感器、智慧地球等)、车联网、GPS、医学影像、安全监控、金融(银行、股市、保险等)、电信(通话、短信等)都在疯狂产生着数据。美国互联网数据中心指出,互联网上的数据每年增长 50%,每两年便会翻一番,而目前世界上 90% 以上的数据是最近几年才产生的。有市场研究机构预测,2020 年整个世界的数据总量将会增长 44 倍,达到 35.2 ZB(1 ZB = 10 亿 TB)。

2008 年 9 月,*Nature* 杂志发表 *Big data* 专题文章,首次提出大数据概念。2009 年,联合国提出"数据脉动",并发布《联合国"全球脉动"计划——大数据发展带来的机遇与挑战》报告。2011 年,*Science* 杂志推出大数据专刊,IBM 公司和麦肯锡公司分别发布大数据调研报告，指出了大数据研究的地位以及将给社会带来的价值。2012 年 3 月，美国奥巴马政府宣布投资 2 亿美元启动“大数据研发计划”。2012 年 7 月，联合国在纽约发布了白皮书《大数据促发展：挑战和机遇》，全球大数据的研究进入了前所未有的高潮。为了紧跟全球大数据技术发展的浪潮，我国政府、学术界和工业界对大数据予以高度关注，2013 年中国计算机学会发布了《中国大数据技术与产业发展白皮书》，而国家自然科学基金、973 计划、863 计划等重大研究计划都把大数据列为重大研究课题。

我国农业信息化研究长期以来一直非常重视农业数据的积累，目前农业大数据已经具备了一定的规模，数据的存储格式以结构化数据为主，视频、图片等数据量也在不断攀升。农业科学数据共享中心（试点）项目于 2003 年正式启动，重点采集作物科学数据、动物科学与动物医学类科学数据、农业科技基础数据等农业科技类基础数据。全国基层农技推广信息化平台，构建了粮食作物、经济作物、蔬菜、果树、畜牧等农业技术数据库，面向全国 70 万农技员提供服务，总记录超过 10 万条，视频数据超过 5 000 个。中国科学院计算机网络中心研发的地理空间数据云平台（http://www.gscloud.cn），现有地学遥感数据资源约 280 TB，以中国区域为主，覆盖全球地理范围。中国作物种质资源信息网（CGRIS），拥有粮食、纤维、油料、蔬菜、果树、糖、烟、茶、桑、牧草、绿肥、热作等 200 种作物、41 万份品种/种质/基因信息。农业数据主要是对各种农业对象、关系、行为的客观反映，一直以来都是农业研究和应用的重要内容，但是由于技术、理念、思维等原因，对农业数据的开发和利用程度不够，一些深藏的价值关系不能被有效发现。

8.1.2 大数据的基本特征

对于大数据的特征，目前比较认可的是 IBM 公司提出的四个特点：规模性（Volume）、多样性（Variety）、高速性（Velocity）、价值性（Veracity）。

（1）规模性（Volume）。如今数据的存储数量正在呈爆炸式的增长，大数据的存储单位已经从 TB 级别转向 PB 级别，甚至转向 ZB 级别。

（2）多样性（Variety）。随着传感器、智能设备以及社交技术的激增，数据不仅包含传统的结构化数据，而且还包含半结构化数据和非结构化数据。半结构化数据和非结构化数据占整个数据量的大多数。

（3）高速性（Velocity）。大数据的高速性是指数据生成和处理的速度极快，因此，有效处理大数据需要在特定的时间和空间内对变化过程中的大数据的数量和种类进行分析。

（4）价值性（Value）。大数据本身蕴含巨大的价值，但价值密度低且包含很多冗余信息。对大数据进行挖掘，犹如浪里淘沙却又弥足珍贵。

8.2 大数据关键技术

信息技术的不断进步为大数据时代提供了技术支撑。首先，存储设备的容量增加、速度提升、价格下降为大数据的存储提供了必要的载体；其次，CPU 处理能力的提升使得大数据可以更快地被处理和分析;再次,网络带宽的不断增加使得大数据能够被快速传输。

大数据包含的是数据和技术的综合。大数据技术,是指伴随着大数据的采集、存储、分析和应用的相关技术,是一系列使用非传统工具对大量结构化、半结构化和非结构化数据进行处理,从而获得分析和预测结果的一系列数据处理和分析技术。从大数据处理的基本流程上,可以将大数据处理的关键技术分为大数据采集和预处理、大数据存储及管理、大数据处理和分析、大数据安全和隐私保护等。

8.2.1 大数据采集

农业领域一直非常重视数据采集工作,试验站、野外台站等都是专门针对数据采集而建设的。农业数据的获取与信息采集技术的发展关系密切,不同的信息技术直接影响农业数据的采集维度、粒度、频度、广度等。具体来讲,农业数据系统的发展大致经历了从定性数据获取到定量数据获取、从单项数据获取到系统数据获取几个阶段。

1. 定性数据获取

可以将不包含数字的信息称为定性数据。定性数据获取主要依靠人类的经验进行判断,一般不依靠工具设备,只是大致地给出农业生产的建议等。典型的形式即调研考察,通过与农户进行交流等,获取农业生产的大致数据,获得调研对象的概貌了解。定性数据有以下几个特点:

(1)不精确。如“谷雨前后,点花种豆”,仅说明这个时节的前后一段时间,需要种棉花、种豆子。

(2)描述性。对农业事物的描述采用描述性的表述,如气候太干、收成不错等。

2. 样本数据采集

样本数据已经属于定量数据采集阶段。借助于适当的信息工具,采集某一种或几种数据指导农业的生产或决策。样本数据采集阶段的主要特征是人工参与,借助设备来完成数据的采集工作。

如《农业部主要农产品及农用生产资料价格监测调查工作规范》对各级农业部门开展物价调查作了具体规定,要求及时、准确采集农业部主要农产品及农用生产资料价格数据。再比如,测土配方施肥中的测土是另外一种样本数据的代表。按照《测土配方施肥技术规范(试行)》的要求,在每 100 ~ 200 亩左右的耕地上采集一个土样,根据采样数据确定该地区的耕地状况。

3. 局部系统数据采集

局部系统数据采集中,主要依靠一整套智能化、自动化的设备,精确、定时地采集一定范围内某一类数据集合,人的因素被明显弱化。获取到的数据通常能够精确反应农业生产在某一方面的需求,典型的应用有精准农业、设施大棚、设施养殖、水产养殖等。

精准农业需要连续、实时地获得田间作物、土壤等各种变化情况,以确定最适宜的投入,主要包括土壤质地、有机质、营养元素含量及 pH 值等土壤参数的测定。设施大棚中主要利用不同的传感器采集土壤温度、湿度、pH 值、降水量、空气湿度和气压、光照强度、二氧化碳浓度等农作物生长参数。数据的采集完全自动化,并统一汇总到数据中心进行处理分析。设施养殖中,配备智能的设施环境信息智能采集系统,实现养殖舍内环境[包括 CO_2、温度、湿度、光照、有毒气体(NH_3、CO_2、H_2S)等指数]信号的自动检测、传输、接收。在水产养殖方面,传感器采集水体温度、pH 值、溶解度、盐度、浊度、氨氮、COD 和 BOD 等对水产品生长环境有重大影响的水质及环境参数数据。

4. 综合系统数据采集

智能农业是农业生产的高级阶段,是云计算、传感网、3S 等多种信息技术在农业中综合、全面的应用,实现更完备的信息化基础支撑、更透彻的农业信息感知、更集中的数据资源、更广泛的互联互通、更深入的智能控制。智能农业阶段农业数据突破了局部领域,综合的、全局的、系统的农业数据采集与分析变得更为重要,各种综合的农业数据系统成为当前的主要特征。

当前,在综合系统数据采集方面的应用还不足,可以围绕大数据的发展需要,构建农业大数据立体采集网络,围绕科研、推广、生产、储运、农产品加工、销售等农业各环节,依托现有的信息技术而建立的交叉、立体、融合的农业数据采集体系形成良好、有序的制度,并长期坚持,在数据采集方面形成规模和体系,真正发挥农业大数据的作用。

农业部《关于推进农业农村大数据发展的实施意见》中提出拓展物联网数据采集渠道、开辟互联网数据采集渠道等,但总体而言,我国农业领域的数据积累还处于相对初级阶段,相关工作还需要进一步加强。农业大数据获取是指利用信息技术将农业要素数字化并进行有效采集、传输的过程。农业大数据来自农业生产、农业科技、农业经济、农业流通等方面,不同的数据源,对应不同的数据获取技术。从目前情况分析,农业大数据获取主要包括以下几方面:

1)农业网站的农业数据获取

万维网是互联网最主要的应用,基于 Web 技术的农业网站成为农业信息化的最重要载体。越来越多的农业及其相关从业者开始通过万维网从事农业的产销活动,农业网站正在成为农业相关从业者的主要交流平台。自 2007 年农业网站进入快速发展阶段后,我国的农业相关站点增长迅速,以 2009 年 1 月到 8 月时间段为例,8 个月内农业网站数量增加了 8 183 家,增长率达到 38%,增速惊人。当前,更多的科研院所、政府部门等单位都在积极地筹建和发展农业信息类网站,以求为农业的科学研究和经济发展提供强有力的数据资源。虽然我国农业网站种类及数量繁多,发展迅速,但多数规模小,数据资源有限。更由于体制和利益上的原因,农业信息类网站之间的数据缺乏统一的标准和规范,数据上无法共享互换,功能上无法互补,导致数据冗余重复,信息与业务流程脱节,发展中逐渐形成了无数的“数据孤岛”。大多数网站仅仅提供农业相关信息的原始资料,而没有对信息资源采取有效组织、深层次的挖掘和统一的结构化处理。因此,对农业数据资源进行获取并进行相应的数据处理和存储成为农业大数据资源建设中数据获取的最有效方式。

农业网络数据抓取指利用爬虫等网络数据抓取技术对网站、论坛、微博、博客中的涉农数据进行动态监测、定向采集的过程，实现各种涉农数据的集成、汇聚，以便进行下一步分析。网络爬虫（网页蜘蛛），是一种按照一定的规则，自动抓取万维网信息的程序或者脚本，有广度优先和深度优先两种策略。网络爬虫 Nutch 能够实现每个月抓取几十亿网页，数据量巨大，同时由于其与 Hadoop 内在关联，很容易实现分布式部署，提高数据采集的能力。另外，Deep Web 也包含丰富的农业信息，面向 Deep Web 的深度搜索也越来越多。农业网络数据是在互联网层面对农业各方面的客观反映，具有规模大、实时动态变化、异构性、分布性、数据涌现等特点。搜农（见图 8.1）、农搜等搜索引擎都是面向农业的网络数据获取平台，经过多年的发展，已经积累了很多涉农数据资源。

图 8.1　搜农首页

2）农业遥感数据获取

空间数据分布广泛，世界上 80% 的数据与空间相关，农业是遥感应用的重要领域。农业遥感数据获取是指利用卫星、飞行器等对地面农业目标进行大范围监测、远程数据获取，主要采用遥感技术。遥感技术是一种空间信息获取技术，具有获取数据范围大、获取信息速度快、周期短、获取信息手段多、信息量大等特点。农业遥感技术可以客观、准确、及时地提供农作物生态环境和生长的各种信息，主要应用在农用地资源的监测与保护、农作物大面积估产与长势监测、农业气象灾害监测和农作物模拟模型等几方面。随着遥感技术的飞速发展，特别是高时空分辨率的大覆盖面积多光谱传感器、高空间-高光谱传感器的应用等，农业遥感数据精度逐渐提高，数据量急剧增加，数据格式也越来越复杂，多源数据融合需求非常迫切。农业遥感数据能反映大面积、长时间的农业生产状况，属于宏观、全局层面的农业数据。同时，农业遥感大数据面临垃圾多、污染重、利用难的现状，农业遥感数据挖掘是凸现大数据价值、盘活大数据资产以及有效利用大数据的基础技术。

8.2.2　大数据预处理

大数据预处理主要完成对已接收数据的辨析、抽取、清洗等操作。

（1）抽取。因获取的数据可能具有多种结构和类型，数据抽取过程可以帮助人们将这些复杂的数据转化为单一的或者便于处理的构型，以达到快速分析处理的目的。

（2）清洗。对于大数据，并不全是有价值的，有些数据并不是人们所关心的内容，有些数据则是完全错误的干扰项，因此要对数据过滤“去噪”，从而提取出有效数据。

大数据的根本为数据，可通过 RFID 射频数据、传感器、社交网络交互数据及移动互联网数据等方式获得各种类型的结构化、半结构化及非结构化的海量数据，包括数据传感体系、网络通信体系、传感适配体系、智能识别体系及软硬件资源接入系统，实现对海量数据的智能化识别、定位、跟踪、接入、传输、信号转换、监控、初步处理和管理等。

8.2.3 大数据存储及管理

大数据存储与管理的基本方式是利用分布式存储技术和系统提供可扩展的大数据存储能力，底层是可靠的分布式文件系统，提供可扩展的文件存储方式，实现大数据的存储、移动、备份等功能。在此基础上，利用新型数据库技术，包括关系数据库、数据仓库、分布式数据库、云数据库、NoSQL 数据库实现对复杂结构化、半结构化和非结构化海量数据的存储和管理。其中，NoSQL 数据库也称非关系型数据库，可分为键值数据库、列存数据库、图存数据库及文档数据库等类型。

随着云计算、移动化、社交网络以及大数据四大趋势的快速发展，无论是企业还是个人都遇到了数据增长所带来的难题。数据的大小正在迅速增加，数据的种类正在变得日趋丰富，数据的增长正在变得异常快速，数据的来源正在变得无比广泛，加上用户对于数据价值的渴求正在变得逐渐迫切，这一切正在颠覆传统的 IT 模式。对于存取与备份领域而言，这种颠覆和改变也正在迅速发展。虚拟化、云计算、大数据等趋势使得存取与备份在模式、技术、产品等方面都发生了巨大变化。

随着 NoSQL、NewSQL 数据库阵营的迅速崛起，当今数据库系统“百花齐放”，现有系统达数百种之多，图 8.2 将广义的数据库系统进行了分类。

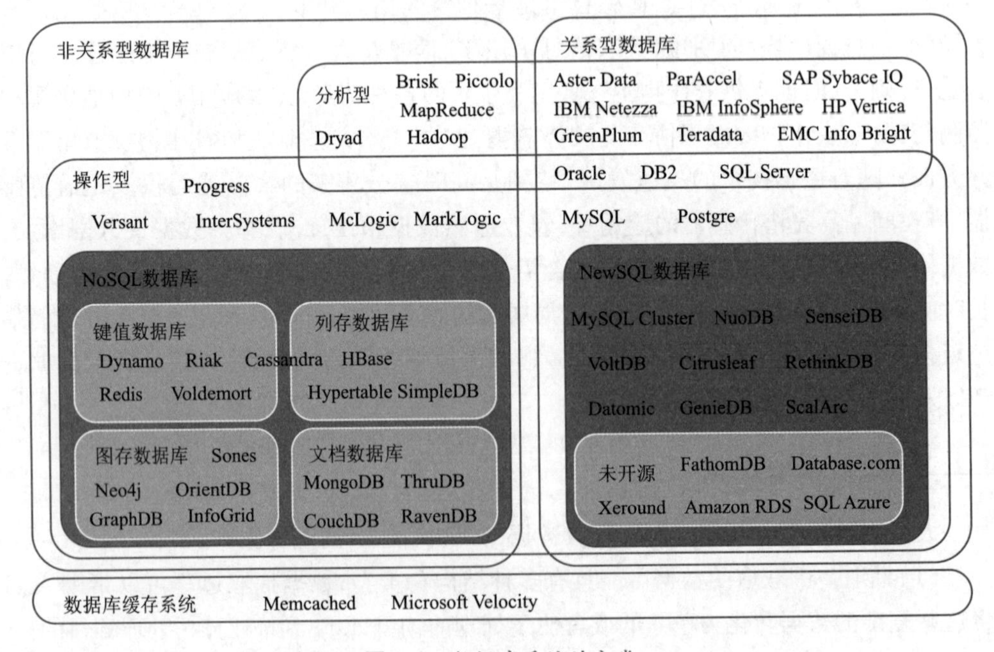

图 8.2 数据库系统的分类

图 8.2 中,将数据库分为关系型数据库、非关系型数据库以及数据库缓存系统。其中,非关系型数据库主要指的是 NoSQL 数据库,分为键值数据库、列存数据库、图存数据库以及文档数据库四大类。关系型数据库包含传统关系数据库系统以及 NewSQL 数据库。高容量、高分布式、高复杂性应用程序的需求迫使传统数据库不断扩展自己的容量极限,这些驱动传统关系型数据库采用不同的数据管理技术的六个关键因素可以概括为 SPRAIN,即可扩展性(Scalability)、高性能(Performance)、弱一致性(Retaxed Consistency)、敏捷性(Agility)、多样性(Intricacy)、必然性(Necessity)。

8.2.4 大数据处理和分析

大数据的处理和分析,主要是利用分布式的并行编程模型和计算框架,结合机器学习和数据挖掘算法,实现对海量数据的处理和分析,对分析结果进行可视化呈现,帮助人们更好地理解数据分析数据。

大数据的规模使得分布式并行计算模型和框架成为必需,目前主流包括 Hadoop 和 Spark 两大大数据计算平台。近年来也不断涌现各种新的计算模型,包括高实时性低延迟的流式计算、具有复杂数据关系的图计算、面向复杂数据分析挖掘的迭代和交互计算、面向数据检索的查询分析类计算、面向高实时性要求的内存计算,等等。

大数据分析技术,即利用数据挖掘和机器学习技术从大数据中提取隐含在其中的潜在有用的信息和知识的过程。数据挖掘涉及的技术和方法很多,如多维数据分析、分类、聚类、回归、关联规则发现等。在大数据的分析过程中,可能需要对传统数据挖掘方法进行并行化设计和改造。

在农业领域也需要利用数据挖掘方法对海量数据进行处理和分析。近年来应用广泛的深度学习方法在海量数据背景下的图像处理、语音识别、自然语言处理等领域取得了显著效果。大数据处理和分析的结果也需要进行可视化呈现,数据可视化能够帮助普通用户、决策人员、数据分析专家直观理解数据的含义及其所反映的规律和模式。

8.3 基于大数据的农业智能决策支持

农产品的精细化智慧生产过程也是农业大数据产生的过程,数据是智慧农产品生产的基础血液。

1. 提高农产品生产率

通过物联网,采集海量数据,进行精准农业生产。通过数据分析优化农业生产决策,降低灾害损耗,将每日操作自动化、标准化,从而降低农产品生产成本,获取土地最大利用率,提高农产品产量和质量,从而在整体上提高农产品生产效率。美国拓普康公司(Topcon Precision Agriculture)借助 GPS、监视和电子控制技术,通过输入种植者的种植、施肥等信息,即可帮助他们了解在精准农业技术的投资回报,帮助他们持续分析和提高农产品产量。

2. 高效利用水资源,降低农产品生产成本

为了更加有效应对干旱,一方面,农业人员需要精确实时的信息来帮助他们主动进行水资源管理,避免浪费、过度灌溉或者灌溉不足。另一方面,不断推进新技术应用,比如嵌入式无线设备及土壤监测系统,农业人员能够实时进行土壤水分监测、水资源检漏及有效的能耗管理,从而提高水资源利用率,减少生产成本。

3. 减少病虫害发生,提升农产品质量

随着健康食品概念深入人心,农产品生产者积极寻找有效及相对廉价的除虫手段。在农作物田块内,依据特定小区的农作物生产潜力、长势而投入不同水平的管理(如轮作、施肥、喷药等),通过提高化肥、农药的有效利用率来降低农用成本,同时降低农作物中有毒物质的残留量,提高农作物的产量和质量。例如,Semios 公司利用无线传感器网络能够持续监测害虫数量,通过数据分析,一旦虫害超过一定程度,网络就会自动激活外激素释放系统,干扰害虫的交配过程,这一手段能够减少害虫繁衍,减少杀虫剂的使用。

4. 保护环境,实现优质农产品生产的可持续经营

通过数据分析提高化肥、农药的有效利用率,减少农作物中有毒物质的残留量,降低因农业化学物质的滥用造成环境污染的风险。如过量的化学氮不仅会形成大气污染源,而且它和过量的磷向水体淋溶,会形成水体富营养化的"面源"污染源。数据分析后实施精准农业生产是保持农业可持续发展的有效途径。

8.4 大数据的农业应用

参考成都农业科技职业学院对彭州葛仙山农业产业示范基地进行信息化和智能化建设。该平台构建针对彭州葛仙山农业产业示范基地的海量数据的存储和管理的大数据处理平台。针对农业大数据自身的特征,搭建基于 Hadoop 的农业大数据管理应用平台,对采集的结构化和非结构化的农业大数据进行并行处理,挖掘出有价值的数据为农业生产和科研服务,充分发挥大数据在智能化、现代化农业产业中的作用。

8.4.1 Hadoop 农业大数据管理平台架构

基于 Hadoop 的农业大数据管理平台的架构(如图 8.3 所示)。该农业大数据平台从底层往上依次为数据采集层、数据存储中心、计算处理中心、应用交互层与用户终端。各部分之间通过网络通信和数据传输保证整个系统正常运行。

1. 数据采集层

已经建成的农业大数据采集网络,利用各类智能终端采集设备传感器、RFID 和摄像头等,采集农业生长环境所有的各类环境参数信息、图片和视频信息,这些信息构成了农业大数据的主要数据来源,通过网络传输到数据中心。

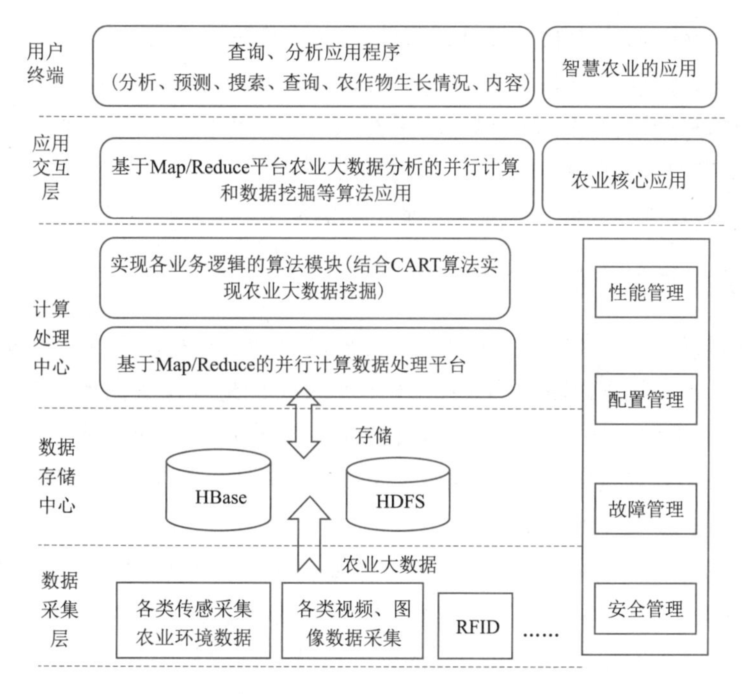

图8.3 基于Hadoop的农业大数据管理平台的架构

2. 数据存储中心

数据存储中心是对农业大数据的管理和存储。各级农业部门都拥有自己的数据存储中心,而这些数据存储中心部署在不同的地域,因此这些数据中心之间不能统一数据存储格式,也无法实现信息的共享,容易形成信息孤岛,这不便于挖掘农业数据的计算、处理和价值。针对农业大数据具有结构化和非结构化的特点,该数据存储中心是采用统一农业数据存储中心,以Hadoop中的HBase分布式数据库和HDFS分布式文件系统为数据管理框架,不仅可以为上层提供并行的数据访问,还能提供高效、安全和易扩展的存储服务。当系统现有存储能力达到一定极值时,能够便捷地扩充新的存储节点,新增存储节点后不会影响原有的数据存储。与此同时,为保证数据存储的安全,该数据管理框架还具有良好的副本机制,即当存储节点上的数据出现存储异常时,通过副本机制将数据转移到其他节点。

3. 计算处理中心

计算处理中心是整个系统的核心部分,为用户提供动态的资源控制、带宽分配、程序开发运行环境,实现各业务逻辑的功能,为系统数据处理和数据挖掘提供基础的计算模型,并为上层提供任务调度模块。该平台中的计算处理框架以Hadoop中的Map/Reduce并行计算数据处理平台为基础,结合CART算法实现对农业数据的价值进行挖掘。

4. 农业示范应用

农业示范应用是对该平台的整合和各功能的完备性、正确性的有效验证。该应用系统平台主要有农业核心应用、农业数据挖掘和智能农业的应用三类。农业核心应用主要是基于Map/Reduce并行计算框架实现，包括农作物病虫害检查算法、病虫害诊断算法、农作物生长情况的分析算法等对原始农业数据进行快速处理的一系列相关算法，并将处理结果进行存储处理，以便对事实数据进行查询。智能农业的应用是基于农业核心应用中的计算结果，面向用户需求而设计的，包括农业数据查询、分析、统计、预测、智能控制、搜索等功能的一系列农业市场的应用。

8.4.2 农业大数据存储中心解决方案

各级部门数据存储中心通过各种类型传感器、RFID和视频采集等采集手段获取海量农业数据，这些数据以不同形式和结构存储在不同地理位置的数据库中。数据存储中心对分散数据源和异构数据进行有机整合，并对存储在不同系统中的农业原始数据进行高效管理、有效组织和存储，再通过大数据处理技术解决数据计算的问题。

1. 农业大数据存储中心架构

农业大数据存储中心对于不同地域的各级农业数据中心进行统一组织和管理。平台通过创建服务实例的方式管理各级数据中心，每个服务实例对应各级的分数据中心，服务实例记录了原始数据存储中心的地址以及访问的权限等信息，以及各个数据中心所使用的数据库类型、中心地址、数据库名称、表名称、用户名、登录密码、访问权限等内容，从而实现数据中心的资源共享和统一管理。如果用户需要对某个数据中心的数据进行访问，通过Hadoop平台的中央查询集群中的服务实例即可查询到对应数据中心的数据。各数据中心节点和Hadoop集群分布式架构如图8.4所示。分布式集群架构的底层除了部署Hadoop集群和HBase集群外，还有Hadoop分布式结构模型中的一系列子项目Sqoop、Hive等。

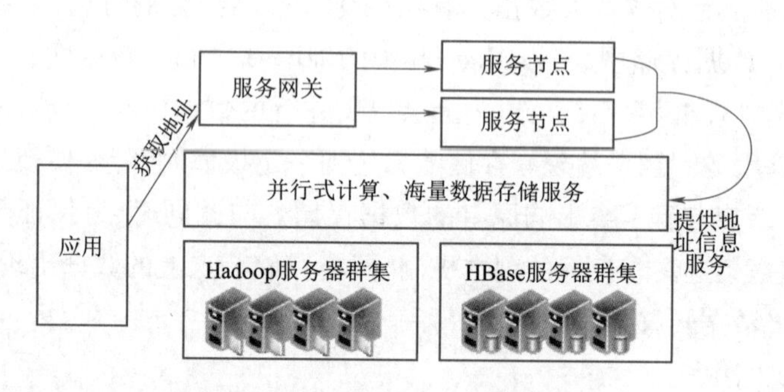

图8.4 农业大数据存储中心集群架构

2. 农业大数据并行集群整合服务实例

Hadoop结构和HBase架构都采用Master/Slave结构，其中Hadoop架构是由负责Map/Reduce任务调度的Job Tracker和负责HDFS数据管理节点的Name Node构成Master；HBase框架中的Master由HMaster组件构成。整个集群能否正常运行，Master起决定性的作用，由于具有较好的稳定性，因此对外只提供一个地址服务信息，即Master主机所在地址。针对农业大数据的并行存储，各级各地的农业数据存储中心通过创建一个并行集群整合服务实例来实现与Hadoop中心的访问存储，实例创建流程如下：

(1)用户通过应用命令行终端向服务网关发起创建服务实例的请求。

(2)服务网关接到服务实例创建请求后,根据平台系统中每个服务节点当前的资源利用情况查找出最优节点,并通知其创建服务实例。

(3)服务节点在接到服务实例的创建请求后,记录 Hadoop、HBase 集群地址并记录在对应的服务实例中,向服务网关返回服务实例创建成功的消息。

(4)服务网关在得到服务实例创建成功的消息后,在数据库中记录服务实例与服务节点的相关信息,用于后续与应用的绑定。

客户端应用通过绑定服务实例后,即可获取分布式集群地址,与集群进行通信。通过开放接口输入相关数据,即可完成 HBase 数据库中表的相关操作以及获取分布式运算和存储环境,而无须再访问服务数据节点。

8.4.3　农业大数据计算处理中心的设计

基于 Hadoop 的农业大数据管理平台是一个功能足够强大、便捷、快速的大数据处理平台,整个平台从数据采集、加工、处理分析、存储、运营和维护提供一条龙服务,终端用户无须知晓或关注底层如何实现和运维。

1. 基于 Map/Reduce 并行计算框架农业大数据计算处理中心的设计

在 Hadoop 农业大数据平台的数据计算处理中心以 Map/Reduce 并行计算框架作为基础框架,在基础框架上移植各种算法,可以实现各种业务逻辑,以此来满足平台大规模数据集的计算速度和数据挖掘。计算处理中心的结构如图 8.5 所示。

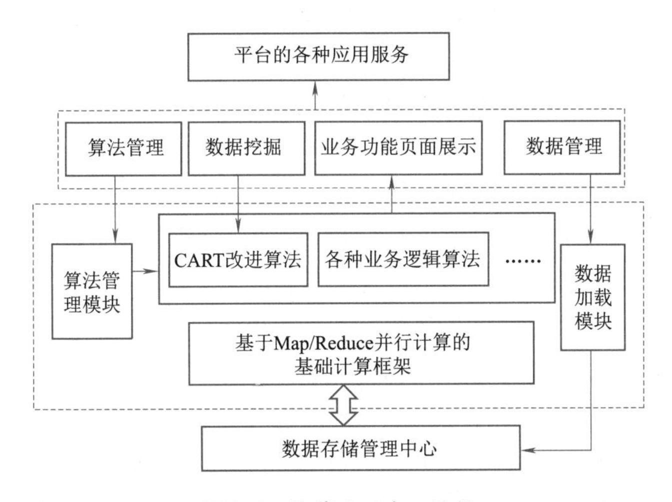

图 8.5　计算处理中心结构

Map/Reduce 并行计算数据处理是各种数据处理和挖掘算法应用在平台不知底层处理细节的情况下,提供简易交互接口,实现多种并行计算;有很好的伸缩性和扩展性,当系统某一计算节点崩溃时,该计算框架会自动将崩溃节点的任务分配给其他计算节点;在平台并行计算处理能力不足的情况下,可以便捷地增加计算节点,从而提高整个平台的计算能力。

2. 基于 Map/Reduce 农业数据挖掘解决方案

针对大数据具有海量性、多样性、不规则性等特征，特殊的农业领域的大数据来源于农作物从生产到餐桌的整个过程。由于这些数据有类型众多的土壤、品种复杂的农作物、频发的病虫害、不确定的气候等诸多影响因素，因此，采集到的相关农业大数据具有不确定、不完全（数据随机噪声）和稀疏性（数据的实用价值不高）等特征。要让农业大数据在农业生产过程中起到智能预警、智能决策、智能分析的作用，需要对农业大数据进行精准、高效的数据挖掘。对农业领域的数据常见的挖掘主要有相关性分析、分类描述、聚类分析、偏差分析等，而在实际应用中使用最多的是数据的分类。针对农业大数据的特征，一般选择分类回归树 CART（Classification and Regression Trees）算法。CART 算法是以统计学为理论基础采用的非参数方法，以典型的二叉树结构为决策树，即由一个根节点和若干属性节点、叶节点组成，其分类结果易于理解和掌握。首先所有的样本集都在根节点内，然后按照一定的分割方法，根节点被分割成两个子节点，样本集也被分割到两个子节点内，在相同的分割规则下，递归地对子节点进行分割，直到不可再分割为止。

基于 Map/Reduce 框架，农业核心应用以及提取价值数据的关键在于各种算法的应用，有一些算法如果直接移植到 Map/Reduce 分布式计算框架，是无法完成的，需要对某些算法做一定的改进。例如，要进行数据的价值挖掘所使用的 CART 算法，需要改进后才能将 CART 算法移植到 Map/Reduce 分布式计算框架。

CART 算法是为解决串行运算问题而设计的，因具有其特殊性，在此根据农业大数据的特性可以将 CART 算法并行设计。基于 Hadoop 平台的农业数据挖掘，CART 算法的并行化设计如下：

（1）计算各个属性 Gini 指数（是判断最佳分裂属性的度量）时的并行。属性的并行可通过 Hadoop 中的 Map 阶段对定义 Partitioner 来实现，因为只有相同节点上的相同属性表才会被分发到同一个 Reducer 进行处理。

（2）构建决策树时节点的并行。从属性的并行设计可知，同一个节点的所有属性表是一个整体，是一起分割的，节点分割完成后属性表则会附在新的节点上，并继续进行分割。而处在同一层节点之间的产生是不存在相互关联的，由此在构造决策树时可以对位于树的同一层的所有节点进行并行处理。

（3）排序的并行。在 Hadoop 平台中，Map/Reduce 在每次分发数据时都会对其进行排序，CART 算法对连续值进行预排序处理，相邻两个属性值的中间点作为计算 Gini 指数值，计算时先判断连续性，再根据属性值的大小进行排序。对于农业大数据而言，数据连续值的分布情况以及排序算法的选择对数据挖掘的最终效果会产生很大的影响，在通过 CART 算法并行设计和改进后，使其成为并行的算法再结合 Hadoop 中的 Map/Reduce 并行计算框架并行化实现，使得整个基于 Hadoop 的农业大数据平台良好地并行化，具有较高的数据处理和数据挖掘的能力，系统的性能也能发挥到极致。

以典型农业生产数据系统为例，对 Hadoop 分布式架构以及其两个核心的引擎 HDFS（分布式文件系统）和 Map/Reduce（分布式处理模型）、HBase 进行详细地分析研究，提出了 Hadoop 分布式架构大数据平台。对现有农业大数据在存储和处理过程中存在的具体问题，构建出高性能的基于 Hadoop 农业大数据管理平台，以实现农业大数据的安全可靠存储、智能化管理与应用，最终达到对农业生产过程的智能预警、智能决策和智能分析的目的，同时为农户提供专业指导。在以后的研究工作中，将在 Hadoop 的农业大数据平台下对有关业务功能算法的研究，将其中的农作物病虫害检查算法、病虫害诊断算法、价值挖掘算法（CART）等算法进行分析、设计并实现并行化运行。

第 9 章 农业专家系统

农业专家系统是农业信息技术的重要组成部分，它是将人工智能的知识工程原理应用在农业领域，运用知识表示、推理、知识获取等技术，总结农业专家的宝贵经验、实验数据及数学模型，建造起来的计算机农业软件系统。它拥有独立的知识库，智能化的分析推理，能够对用户所提出的问题给予专家级的解答。作为农业信息化的重要分支，农业专家系统在农业现代化的发展中发挥了举足轻重的作用。农业专家系统保存各类农业信息和知识，把分散的、局部的单项农业技术集成起来，经过智能化的信息处理，针对不同地区、不同土壤和气候等环境条件，给予各类农业问题应变性强的解决方案，为农民提供方便、全面、实用的农业生产技术咨询和决策服务。

9.1 农业专家系统概述

9.1.1 农业专家系统的概念

农业专家系统（Agricultural Expert System）也称农业智能系统，俗称电脑农业专家，在农业领域中应用人工智能的相关技术，将农业领域的知识和经验进行采集、分析、存储，通过模拟农业专家对农业复杂问题的推理、判断的过程，来对复杂问题进行决策的计算机系统。农业专家系统研制的目的是为了克服时空限制，通过计算机技术，把农业专家多年积累的知识和经验，在短时间内推广和应用，将专家的知识和经验转化为生产力。

随着以3S（遥感、地理信息系统和全球定位系统）技术、计算机网络技术、物联网和大数据分析等信息技术的快速发展以及在农业领域中的应用，特别是在农业科学研究中的迅速应用及其取得的成果，已证明运用信息技术在克服农业生产的基本难点中能发挥出特殊的作用。

智能农业的关键是农业信息的分析决策，这也是整个智能农业链条上最重要的环节。随着智能农业的发展，农业专家系统的应用水平将会得到更大提高，它可以为农户更好地选择种植农作物的种类，使农作物在适合的土地上生长，可最大限度地避免种植和管理上的盲目性；种植过程中，专家系统将为农户提供各环节的决策支持服务，提高农作物的产量和质量，保证农作物的稳产高产，减少化学制品用量，保护生态环境，提高农民经济收入；在养殖过程中，帮助养殖户科学育种、合理饲养，减少疾病发生，提高经济效益。

农业专家系统不仅可以保存、传播各类农业信息和农业知识，而且能把分散的、局部的单项农业技术综合集成起来，经过智能化的信息处理，针对不同的土壤和气候等环境条件，给出系统性和应变性强的各类农业问题的解决方案，为农业生产全过程提供高水平的服务，从而促进农业生产。农业专家系统具有智能性、继承性、集成性、复制性和便携性等特点。

农业专家系统首先由美国提出，20 世纪 80 年代中期迅速发展，许多国家研制开发了作物生产开发系统。中国农业专家系统的研究自 20 世纪 80 年代开始，先后开发了一大批农业专家系统。我国已开发的农业决策支持系统和专家系统有中国农电管理决策支持系统、县(市)农业规划预测系统、砂礓黑土小麦施肥专家系统、黄土旱塬小麦生产和综合管理专家系统，水稻主要病虫害诊治专家系统，小麦、玉米、桑蚕品种选育专家系统，农业气象专家系统、柑园专家系统等。

农业专家系统的发展十分迅速，在解决实际问题中起的作用也越来越大，具有以下作用和意义。

(1)农业专家系统可以使专家的知识在不受时间和空间的限制下更广泛地为人类服务。专家的经验和知识是极宝贵的，但专家不能永远工作。把农业专家的知识集中归纳起来，构成农业专家系统，这就是不受时间限制的意义。

(2)农业专家系统可靠性好，工作效率高，专家系统能克服人类专家的许多弱点。如果一个专家由于精神紧张、疲倦及受周围环境的影响等因素，在工作中难免有疏忽和遗漏。

(3)农业专家系统能促进领域学科的发展。农业专家系统的研制将促使领域专家们认真深入地总结他们的专业知识和经验。农业专家系统有良好的透明性，它具有解释和教学功能，能回答有关它做的一切，能把它的知识传授给用户，而且农业专家系统能汇集许多领域专家的知识，使它解决问题的能力和知识的广博优于单个专家的作用。专农业家系统具有这种总结知识、传播知识的能力及自学功能，便可促进科学的发展。

(4)农业专家系统能促进计算机科学的发展。专家系统的研制和开发一方面扩大了计算机的应用领域，另一方面不断向人们提出新的研究领域，推动了新的计算机体系的研究，促进了计算机科学的进一步发展。

(5)农业专家系统的使用具有良好的经济和社会效益。

9.1.2　农业专家系统的特点

农业专家系统是一个涵盖了大量农业专业知识与农业经验的计算机系统，它应用人工智能的专家系统技术，在整理一个或多个农业专家提供的特殊领域知识和技术经验的基础上，用计算机模拟专家的思维，通过推理和判断，为农业生产中某一复杂的问

题提供决策建议。从目前开发应用的各类专家系统来看,尽管其服务对象和形式多种多样,但均具有以下共同特点:

1. 启发性

专家系统要解决的问题,其结构往往是不合理的,问题的求解不仅依赖理论知识和常识,而且必须依赖专家本人的启发知识。

2. 透明性

专家系统能够解释本身的推理过程和回答用户所提出的问题,以便让用户了解推理过程,增大对专家系统的信任感。

3. 灵活性

专家系统的灵活性是指它扩展和丰富知识库的能力,以及改善非编程状态下的系统性能,即自学习能力。

4. 符号操作

与常规程序进行数据处理和数字计算不同,专家系统强调符号处理和符号操作,使用符号表示知识,用符号集合表示问题的概念。专家系统中的一个符号能代表一串程序设计,可用于表示现实世界中的任何概念。

5. 不确定性

推理领域专家求解问题的方法大多是经验性的,经验知识一般用于表示不确定的但存在一定概率的问题。由于实际中有关问题的不确定性,其信息表现往往不全面,专家系统能综合现有信息,应用模糊理论和经验知识进行推理。

9.2 农业专家系统的分类

农业专家系统按其求解问题的性质可分为以下几种主要类型:

1. 基于规则的农业专家系统

基于规则的农业专家系统是个计算机程序,是指使用知识库内的某一条规则对用户提交的具体信息和数据(事实)进行处理,通过推理机制,根据知识库知识和模型,推断出决策意见。详细介绍见第3章的3.2节。

2. 基于模型的农业专家系统

农作物生长模拟模型的研发开始于20世纪60年代,到了80年代,随着模拟模型技术发展的逐步成熟,计算机性能、数据处理能力以及数据库技术的不断发展,基于模型的农业专家系统应运而生,该系统是在农作物生长模拟模型为核心的基础上,将模拟与优化结合,并融合相关领域的专家知识形成的。基于模型的农业专家系统集成了农作物模拟模型技术与计算机相关技术,更加形象直观地作出科学的推理决策,增强了农业专家系统的机理性,更加充分地使知识库、数据库、模型库、推理机形成有机的结合。因此,该农业专家系统考虑的影响因子多,具有易于控制、应用面宽、解释能力强等多个优点,其功能也从单纯的静态、定性分析逐步向动态、定量方向发展,提供更加优化的决策服务。

3. 分布式农业专家系统

分布式农业专家系统是分布式技术与人工智能相结合的产物，是农业专家系统研究的重要方向。它是指物理上分布在不同的处理机节点上的若干专家系统，来协同求解问题的系统。分布式农业专家系统具有分布处理的特征，将某一个专家系统的相关功能分解，然后分配到多个独立处理器上进行并行工作，从而使系统的处理效率得到进一步的提高。与普通农业专家系统相比，该农业专家系统具有更强的可扩张性，灵活地分解处理各子系统，并将其运行结果相互联系，最终达到快速的处理效果。

4. 智能化农业专家系统

20 世纪 90 年代后，随着人工智能技术的快速发展，农业信息化进入高速发展期，智能化农业专家系统也随之诞生。智能化专家系统是统称，是各种智能技术应用在专家系统领域而形成的专家系统，包括神经网络、多媒体技术、数据挖掘、模糊推理，对数据的采集、传输都有更可靠的保障，同时对数据的处理也更加有效。随着智能化专家系统的增多，农业专家系统的内涵更加丰富，应用更加精确性、实用性和智能化。以神经网络为核心技术的农业专家系统、以数据挖掘为核心技术的农业专家系统以及以模糊推理为核心技术的农业专家系统将成为未来一段时间的主要研究方向。

9.3 农业专家系统的基本结构

农业专家系统一般由六部分组成：数据库、知识库、推理机、解释模块、知识获取机构和人机交互界面，其基本结构如图 9.1 所示。其中，推理机和知识库是农业专家系统的两个最基本的模块。知识库中的知识一般包括该农业领域知识、农业专家和农业人员的经验知识以及相关既定事实等，知识库的数量和质量决定了农业专家系统的质量以及准确性。推理机作为农业专家系统实施求解的核心执行机构，由它来控制运行整个系统，负责该系统的推理过程和数据调用。

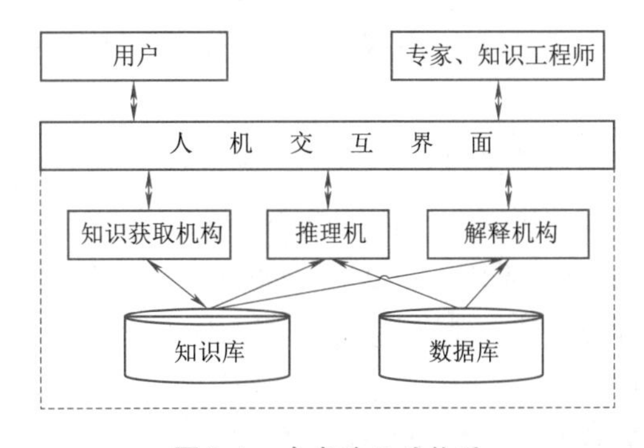

图 9.1 专家系统结构图

1. 人机交互界面

人机交互界面是专家系统与领域专家、知识工程师、一般用户进行输入/输出的交互界面。领域专家或知识工程师通过人机交互界面录入知识，来更新和完善知识库内容；一般用户通过人机交互界面输入要求解的问题，并对问题进行描述后向系统提出询问；系统推理决策后的结果也是通过人机交互界面进行输出。

2. 知识获取机构

知识获取机构是知识库中知识获取的来源。知识的获取可分为两种形式：主动式（直接获取法）和被动式（间接获取法）。主动式是知识获取机构根据给出的资料和数据，自动获取知识存入知识库的方法。被动式是通过知识工程师、领域专家或用户，采用知识编辑工具把知识传给知识获取机构的方式。

3. 知识库

知识库是用来存储该领域的原理性知识、经验知识和有关事实。知识库中的知识通过知识获取机构获得，为推理机提供推理决策过程中所需的知识。知识的管理、组织和维护通过知识库的管理系统来完成。

4. 数据库

数据库用于存储推理过程中所需的原始数据、中间结果和最终结论，往往是作为暂时的存储区。解释器能够根据用户的提问，对结论、求解过程作出说明。

5. 推理机

推理机是专家系统的核心构件，推理机依据问题的条件或已知信息，通过利用知识库中已有的知识，反复匹配知识库中的规则，获得结论，实现对问题的求解。

6. 解释机构

解释机构用于对求解过程做说明，并回答用户提出的两个最基本的问题："为什么"和"怎么做"。解释机构涉及程序的透明性，它让用户理解程序正在做什么和为什么这样做，向用户提供了关于系统的一个认识窗口。在很多情况下，解释机构是非常重要的。为了回答"为什么"得到某个结论的询问，系统通常需要反向跟踪动态库中保存的推理路径，并把它翻译成用户能接受的自然语言表达方式。

9.4　农业专家系统的设计

研究农业专家系统的目的是设计能解决实际问题的智能系统。人工智能最基本的任务是模仿人类思维去解决问题，而农业专家系统作为人工智能领域解决复杂问题的工具，其任务是模拟专家的思维方式去解决实际问题。研发农业专家系统，能将农业专家的知识经验更加方便快捷地传递到用户手中，转化为实际生产力，促进农业领域经济又好又快的发展。

建造一个农业专家系统一般需要认识、概念化、形式化、测试和实现五个步骤，如图9.2所示。

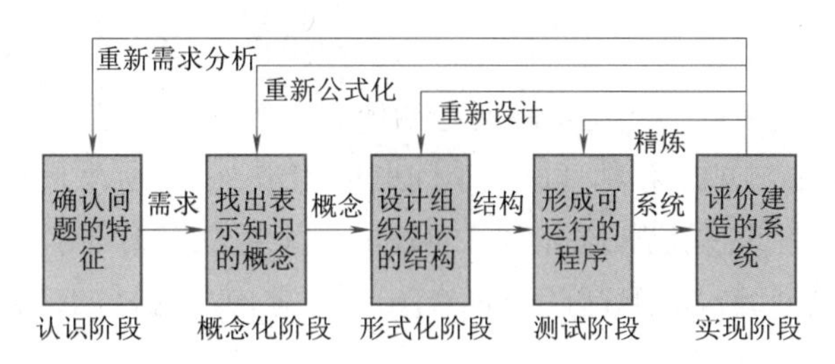

图9.2 建立农业专家系统的步骤

1. 认识阶段

知识工程师和领域专家一起进行广泛、深入的交流，获取有关对象的系统知识，决定解决问题的重要点（如问题的定义、特点、所需的资源、构造专家系统的目标等），以便进行知识库的开发工作。在这个阶段，由知识工程师提出问题，领域专家解释如何求解问题，讲述其推理路线。通过讨论，对问题的形式体系获得一致认识的一般描述，明确对系统的具体要求。

2. 概念化阶段

知识工程师和领域专家决定需要什么概念、关系和控制机制来解决领域问题，使认识阶段中提出的那些概念和关系变得更明确，使所形成的概念和问题求解过程的思路一致。

3. 形式化阶段

这一阶段是把概念化阶段提出的概念和关系用形式化的方法来表示，在进行形式化之前，知识工程师对适用于解决问题的一些工具应有所了解。总之，形式化阶段主要是建立模型，解决知识表示方法和求解方法等问题，也是建造专家系统中的关键阶段。

4. 测试阶段

这个阶段采用测试手段来评价原理系统及实现系统时所使用的表示形式。选择几个典型实例输入专家系统，让它运行以便检查其正确性，进一步再发现知识库和控制结构的问题。进行修改、测试和反馈的多次循环，不断调整规则及控制结构，直到系统获得所希望的性能为止。在测试阶段完成后，还要让所建造的专家系统运行一个阶段，以进一步考验、检查其正确性，必要时还可以再修改各个部分。经过一定时间验收运行正常后，便可编写正式使用文件手册，进行商品化和实用化加工，将系统正式投入使用。

5. 实现阶段

在这个阶段把建立的模型映射到具体领域中去，建成原型系统。实际上就是把形式化阶段对数据结构、推理规则以及控制策略等的约定，选用可用的知识工程工具进行开发，也就是把知识的获取、推理以及控制等用选定的计算机语言来实现。

建立农业专家系统涉及以下三个方面的关键技术：

1）知识库初步设计

农业专家系统知识库设计主要分三个步骤，即问题的定义、实验原型的概念化和知识库定型。问题的定义包括规定目标、约束、知识来源、参加者以及他们的作用。实验原型的概念化则是指详细叙述实际问题如何被分解成多个子问题,并从假设、数据、中间推理、概念等几个方面来说明每个子问题的组成,以及所做的概念化将如何影响可能的执行过程。知识库定型是指为子问题的各个组成部分选择合适的知识表达方式。知识表达是数据结构和解释过程的结合,正确地应用这样的结合,就可以产生"有知识"的行为。因此,知识表达方式的选择在专家系统研究和开发中占有很重要的地位。常见的知识表达方式有谓词逻辑、语义网络、框架、单元、剧本、产生式规则系统和直接模型表示法等多种方式。其中,产生式规则系统(Production Rule System)是目前应用最广泛的知识表达方式,被用作描述若干个不同的但都是以很普通的基本概念为基础的系统。产生式规则系统由总数据库、产生式规则和控制策略组成,主要采用正向链接和逆向链接两种推理方式。

2)系统的执行

选定了知识表达方式后,就可以执行系统所需知识的原型子集。该原型子集必须包括有代表性的知识样本,而且必须只涉及足够简单的子任务和推理过程。一旦原型产生了可接受的推理,这个原型必须扩展至包括必须解释的各种更为详细的问题,用复杂的情况来试验,并由此调整问题的基本组成及其关系。

3)知识库的改进和推广

所建成的农业专家系统要达到人类专家的水平,必须系统地以各种事实来试验所设计的专家系统。研究产生不明确结论的事实,确定原因,校正错误,并随着不断的试验拓展、推广知识库,逐渐形成一个较为完善的专家系统。

第 10 章 农业机器人

随着我国农业从业人口结构的变化和对现代化先进技术的需求,如何将人工智能技术结合我国农业生产实际,有效提高农业机械化应用水平,尤其是智能农业机械(农业机器人)的研制与应用水平,进而实现高效的规模化农业生产,已经成为提升我国农业生产力水平的关键因素之一,也是我国农业进一步发展的必经之路。

10.1 农业机器人概述

机器人系统目前并没有严格意义上的统一的定义,一般认为机器人是可依靠自身动力和控制系统可自主完成某种操作行为的一种机器装置。

近年来,随着互联网、物联网、机器学习(尤其深度学习)等技术的快速发展,人工智能及智能机器人的研究及应用目前正深入到各个领域,如国内外已有较多的科研机构及企业开展无人驾驶、智慧医疗机器人、智能制造、智能客服、智能巡检机器人等的研究与应用。

我国是农业大国,农业是关系国计民生的"第一产业",将智能机器人技术应用到农业领域,使用农业机器人帮助农业人员实现更加轻松、更加高效的农业生产是我国农业发展的必经之路。

最早的农业机器人可以追溯到 20 世纪七八十年代的自动驾驶拖拉机。日本科学家近藤直认为农业机器人起源于农业机械,是一种新型的多功能农业机械,是在农业机械中加入智能属性的结果。截至目前,各种农业机器人不断涌现,如剪羊毛机器人、挤奶机器人、移栽机器人、嫁接机器人、采收机器人、除草机器人等。各种智能化技术,如 GPS 导航、机器视觉等也开始大量应用于农业机器人。根据用途和作业特点,现有的农业机器人大致可划分为畜牧管理机器人、大田耕作管理机器人、果蔬采收机器人、种苗培育机器人、农产品分拣机器人等。受制于农业作业场景、作业任务的复杂性以及当前软硬件技术发展水平,农业机器人虽然种类和样机较多,但是真正达到产品化水平,能够有效提高作业效率的案例屈指可数。

无论是与以灵巧机械臂为代表的工业机器人相比,还是与人们传统观念中高智能的变形金刚相比,农业机器人的发展水平仍存在较大的差距。由于农业机器人在作业效率方面仍然难以实现对人工和大型农机的全面超越,部分科学家开始转换思路、寻找新的农业机器人应用点和作业模式,期望充分挖掘机器人在农业领域的优势和特长。在此背景下,农业信息采集机器人和农业人机协同作业模式逐步成为当今农业机器人研究的热点。

机器人在农业信息采集应用中有着显著的先天性优势:无论是人工还是大型农机,都会受到作业人员易疲劳这一问题的制约,难以实现24小时不间断高效运转,从而影响信息采集的及时性和持续性;而农业机器人不存在疲劳的概念,因此在病虫害监测、测产估产等需要连续观测、及时反应的农田信息采集应用中效率优势突出。采用人机协同的作业模式是当前快速提高农业机器人作业效率的有效途径。农业场景复杂、作业对象多样,对农业机器人的智能算法提出了更高的要求。采用人机协同的作业模式,能够充分发挥人类在目标(如被遮挡的果实、杂草等)识别定位、作业路径规划等方面的智慧优势,结合机器人在动力、耐疲劳等方面的优势,实现降低农民劳动强度的高效农业生产。

10.2　农业机器人的结构

与人类的身体及机能结构类似,机器人系统的结构由机器人的机构部分、传感器组、控制部分及信息处理部分组成。

机器人机构部分包括机械手和移动机构,机械手相当于人手,可完成各种工作;移动机构相当于人的脚,机器人靠它来“走路”。感知机器人自身或外部环境变化信息的传感器是它的感觉器官,相当于人的眼、耳、皮肤等,包括内传感器和外传感器。计算机是机器人的指挥中心,相当于人脑或中枢神经,它能控制机器人各部位协调动作;信息处理装置(电子计算机)是人与机器人沟通的工具,可根据外界的环境变化灵活控制、变更机器人的动作。

农业机器人除了上述结构特征以外,其相应结构还应能满足机器人在农业生产环境中的作业需求和功能需求。农业机器人以农业生产为目的,具有信息感知和可重编程功能,具有仿人类肢体动作的半自动或柔性自动化设备。农业机器人集成了人工智能技术、图像识别技术、通信技术、传感器技术和系统集成技术等尖端科学技术。

农业机器人主要由以下部件构成:

(1)末端执行器,也称机器手,以工作原理不同,可分为夹持式手、磁力吸盘式手等。

以机械手的位移控制方式不同,可分为圆柱坐标机械手、直角坐标机械手和极坐标机械手三种。

机械手的动力源有三类:

①电动执行器,包括步进伺服电机、直流伺服电机、交流伺服电机。

②液压执行器,包括轴向活塞式油缸、双杆油缸、液压马达。

③气压执行机构,包括气缸、气动电机、摆动电机。

(2)传感器和机器视觉系统。包括:测量距离、力等因素的传感器,测量其自身位置、速度、加速度、角度等因素的传感器,获取图像及位置信息的机器视觉系统。

(3)移动装置。主要形式有:腿式移动、履带式移动、龙门式移动、导轨运动和轮式移动。

(4)控制装置。控制装置通常采用单片机、DSP 芯片、计算机等。

10.3 农业机器人系统设计

机器人系统无论从硬件结构还是机器人自动控制等所需的计算机软件系统都是复杂的系统工程,本节主要根据机器人的工作环境和工作对象的特点,围绕农业机器人的自动导航、机器人视觉系统介绍农业机器人系统设计相关的应用技术。

1. 机器人自动导航系统

当前机器人自动导航主要有基于 GPS 定位的导航系统和机器视觉。基于 GPS 定位的导航系统是该问题多年来求解的主要技术之一,在机器人作业过程中,可以根据作业田地的实际情况设计机器人作业路线,设置导航模式,以基站为信号接收、发送的中转站,借助于方向传感器,将机器人的实际行进情况进行实时采集,并传输给导航卫星,导航卫星根据接收的信号对机器人发出控制信号以保证其行进路线的正确。

例如,久保田 SPV-6CMD 可以配置 AG-GPS 辅助驾驶系统,GPS 差分信号由基站发送至接收设备、车载天线接收信号后传送至辅助驾驶控制器,并综合惯性导航信息,控制器发出转向指令,通过控制方向盘控制机器行走路线,插秧机按指令路线插秧作业,前行或后退,实现插秧机自动导航。

图 10.1 所示是以洋马插秧机器人为试验平台,我国相关研究人员设计的由加速度计、陀螺仪和 GPS 组成插秧机多传感器组合导航系统。

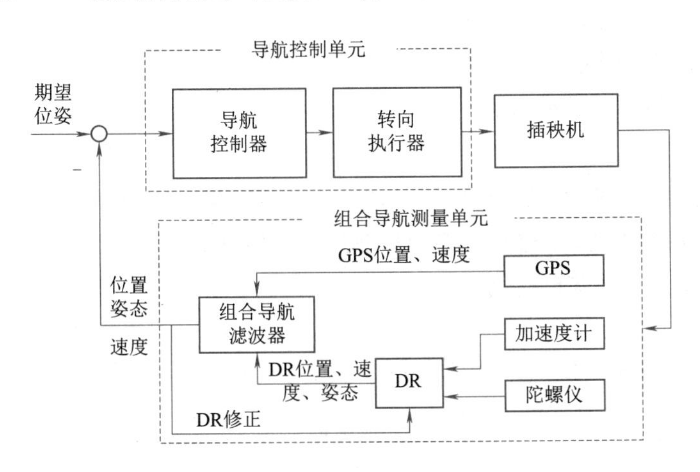

图 10.1 组合导航系统结构图

图 10.1 中,利用航位推算(Dead Reckoning,DR)定位机器人的当前位置,陀螺仪用来估计插秧机器人的航向角;然后,利用航向角把加速度计的量测值分解到参考坐

标系中，利用积分运算获得插秧机器人的速度和位置；最后，利用 GPS 的测量值对机器人的当前位置信息进行更新，从而获得多传感器信息融合后的插秧机位置信息。

2. 农业机器人机器视觉系统

农业机器人在田间工作时，如何准确捕获并识别目标农作物是其正确工作的前提，例如在农田中，有农作物、杂草、泥水、石块等，如何快速将农作物与其他物体区分开来并锁定其位置对实现机器人自动导航、对相应农作物的自动操作等具有关键作用，而这需要快速、准确有效的农业机器人视觉系统。

机器人视觉即是利用计算机技术来模拟人的视觉功能从其所处现实环境中采集获取信息，进行相应处理和理解，并最终应用于实际检测、测量和控制。

机器人视觉系统的组成包括光源、光学系统、图像采集系统、图像数字化模块、智能判断决策模块等，相应的工作流程图如图 10.2 所示。

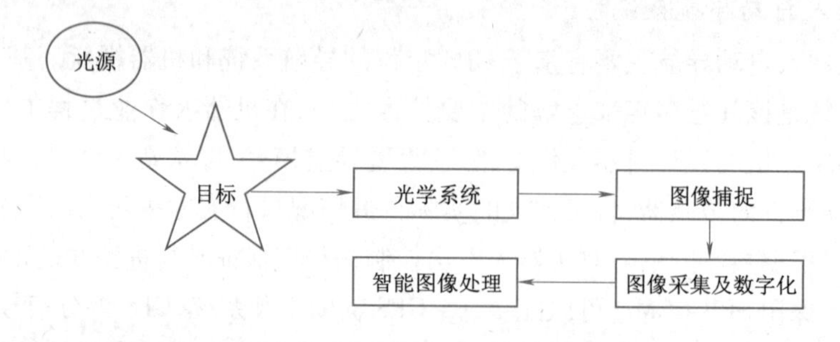

图 10.2　机器人视觉系统工作流程图

图 10.2 中，光源是指机器人为了保证图像采集的质量而需要的照明设备，针对不同的应用场景，需要选择相应的照明装置。主要起到如下作用：

(1)照亮目标，提高目标亮度。

(2)形成最有利于图像处理的成像效果。

(3)克服环境光干扰，保证图像的稳定性。

(4)用作测量的工具或参照。

例如，基于以上技术的自动导航插秧机可根据田间已插秧苗，通过安装于插秧机上的视觉图像自动获取系统，采集已插秧的彩色图像，借助图像处理和分析技术，自动识别已插秧苗的作物行，通过控制系统控制插秧机转向系统动作，集通信、控制及图像处理为一体，实现了插秧自动化。

10.4　农业机器人在农业生产领域中的应用

以插秧系统机器人、植物采收机器人、农产品分拣机器人为例，说明农业机器人在农业生产领域中的应用。

10.4.1　插秧系统机器人

我国、日本及其他农业国家都不断致力于插秧机的技术与机构优化改进，从最初的曲柄摇杆式发展到非圆齿轮传动式、曲柄行星轮系式及改变株距插秧等，插秧机的工作性能在逐步提高，对进一步提高水稻产量和质量有着重要的意义。

1. 国内外研究现状

日本是世界上实现插秧机械化和智能化水平最高的国家，早在1999年，日本农业总研究中心就利用RTK-GPS技术研制了无人驾驶插秧机，定位精度可达到2 cm，其将定位信息和倾角信息通过串口发送至计算机，由计算机对插秧机倾角信息进行修正后产生控制参数下发给插秧机，实现对插秧机的操作控制。Nagasaka Y等运用RTK-GPS技术，在对插秧机油门、离合器等进行改进的基础上实现了插秧机进行自动导航作业，并且当其以0.7 m/s的速度作业时其跟踪误差在12 cm以内。又如Kaizu和Imou在插秧机上安装具有机器视觉导航的自动转向系统，并采用双谱图像采集秧苗检测系统，实验证明其可以消除秧苗水面反光和周边绿色物倒影的影响，不足的是测量精度受环境影响且能见度降低时其测量范围和精度会降低。

国内对无人插秧机的研究起步较晚，与国外差距较大，发展也很慢，但也取得了一定的成就。罗锡文院士团队在国内首次成功研制出无人驾驶插秧机。如方明等研发了无人驾驶插秧机，利用GPS导航定位实现了自动直线跟踪与转弯功能。伟利国等对型号为XDNZ630的插秧机进行了GPS自动导航的试验，并验证了在速度不大于0.6 m/s的情况下可实现跟踪误差小于10 cm的作业精度。张志刚等也利用GPS与数据通信技术成功研制出无人驾驶插秧机，并通过试验证明了其自动导航作业的可实施性。整体而言，国内相关研究主要是在已有插秧机的基础上，通过利用基于GPS的导航定位，计算机视觉、智能控制等技术以实现插秧机的无人驾驶，提高插秧的作业效率和质量，并对机插育秧等相关支撑技术进行研究。

2. 关键技术问题及研究动态

插秧机器人在实际应用过程首先需要水稻秧苗的质量能够满足机插的需要，与传统人工插秧不同，为了保证插秧质量，机插需要秧苗在根、叶、茎的发育等方面具有一定的基本要求。另外是对插秧机器人自身的要求，要求其能够自动识别水田环境，灵活调整插秧路线，自行转换方向并能够自主识别插秧区域等。

1）机插育秧

秧苗的好坏直接影响机插秧的质量和农作物的生长及产量。与人工插秧不同，机器插秧要求秧苗根系发达、苗高适宜、茎部粗壮、叶挺色绿和均匀整齐，否则插秧质量下降，容易产生漏插、伤秧、搭桥和蓬头的现象。但常规育秧的秧苗品质参差不齐，针对机插要求，现有技术研究从播种量与播种密度、育秧基质、秧龄等方面对机插秧苗的培育进行了研究及试验。例如通过实验研究发现，采用钵形毯状育秧时，迟熟杂交稻品种F优498的最佳播种密度为干种60～80 g/盘，秧龄可以适当延长至36天；若适宜的基质配比为土与谷壳体积比1∶2～3，在此配比下能培育出素质较高且适于机插的秧苗;适龄早栽对增加产量至关重要。

2)插秧机器人的自动导航

插秧机器人在插秧过程中需要识别其插秧的田地区域,识别其行进路径,在到达田终点时能够自动转向,因此插秧机器人的自动(智能)导航对机器人工作完成的质量起着关键作用,尤其近年来随着信息技术的快速发展,将计算机技术、传感器技术、GPS技术和数据通信技术的集成与融合进一步为插秧机器人自动导航的准确、精度和适应性提供了技术支持。

例如,久保田SPV-6CMD可以配置AG-GPS辅助驾驶系统,GPS差分信号由基站发送至接收设备,车载天线接收信号后传送至辅助驾驶控制器,并综合惯性导航信息,控制器发出转向指令,通过控制方向盘控制机器行走路线,插秧机按指令路线插秧作业,前行或后退,实现插秧机自动导航。国内研究人员在久保田插秧机上开发了基于DGPS和电子罗盘的导航控制系统。导航控制系统可以控制插秧机按预定的路线行走。速度为0.75 m/s,直线路径跟踪时,平均误差0.04 m,最大误差0.13 m;速度为0.33 m/s,圆曲线路径跟踪时,平均误差0.04 m,最大误差0.087 m。但由于GPS导航精度和可靠性的问题,往往在以GPS为主的导航方案中,必须要辅助以其他定位方法,使得导航能够正常进行。

另外,插秧机器人如何自动适应水田平整度低也是一个常见问题,相关研究团队研究了基于MSP430F413单片机的高速插秧机插植臂智能水平控制系统,能够实时采集田块的平整度,调整控制插植臂的水平高度,保证所有秧苗插入泥土的深度达到规定要求,并保持一致。

3.存在问题及展望

目前真正投入使用的插秧机器人还不多,国内仍以人工驾驶(操作)插秧机械为主,相关的技术研究与产品研发仍多以在不同型号的插秧机上通过对其不同部件或者功能通过现有的计算机技术、人工智能技术进行相应功能的智能化,因此,如何真正实现智能插秧机器人到实际生产环节并推广应用,需要进一步将插秧机器人各部分结构及功能的智能化有机协调与融合,充分利用现有的传感器技术、物联网技术,实现可以适应、识别、自主控制的插秧机器人,从而真正替代人工,节约成本,提高插秧质量,并最终提高水稻产量。

10.4.2 植物采收机器人

植物采收机器人主要是指针对具体农作物果实等,机器人能实现在田间自动行走,能自动识别农作物是否成熟,并具有相应的采收装置(如机械手),完成对农作物果实正确采摘的机器人。例如,鲜果自动化采摘机器人、棉花采收机器人、植物采收机器人是先进工业技术、装备在农业生产领域的成功应用,有效提高了农业生产中收获环节的效率和效益。

1.应用背景

农产品的收获无疑是农业生产的重要环节,尤其是不同农作物的成熟期长短不同,种植的面积不同,对成熟期天气气候的适应等都会影响农产品的采摘。在采摘过程中,很多农作物果实对采摘的质量有着严格的要求(如草莓),为保证果实有良好的外观和口感,要求在采摘过程中对每一个采摘的农作物果实能够判断其成熟的程度和如何正确进行采摘(不会破坏果实的表皮等),如果单纯依靠人工操作,会增加采摘成本。另外,有些农作物种植规模大,例如棉花、玉米目前仍以人工采摘为主,因此,如何研究并应用能够识别农作物果实,且能精确采摘的自动化农业机器人完成采收,对农业经济发展有着重要的意义。

2. 国内外研究现状

植物采收机器人针对不同的农作物设计及使用,当前以针对果蔬的自动采摘机器人研究及应用较多,例如西红柿、黄瓜、苹果、葡萄采摘机器人等自20世纪80年代就已经在诸如日本、美国、荷兰和法国等国家得到研究及应用,1983年第一台西红柿采摘机器人在美国诞生。

日本在植物采摘机器人方面起步较早,例如1993年日本冈山大学的KONDO等研制的西红柿采摘机器人由机械手、末端执行器、视觉传感器、移动机构组成。该采摘机器人采用七个自由度机械手,用彩色摄像机作为视觉传感器,寻找和识别成熟果实,并采用双目视觉方法对果实进行定位,利用机械手的腕关节把果实拧下来。移动系统采用四轮机构,可在垄间自动行走。该西红柿采摘机器人采摘速度大约是15 s/个,成功率在70%左右。主要存在的问题是当成熟西红柿的位置处于叶茎相对茂密的地方时,机械手无法避开叶茎障碍物完成采摘。

在2004年2月10日美国加利福尼亚州图莱里开幕的世界农业博览会上,美国加利福尼亚西红柿机械公司展出两台全自动西红柿采摘机。在西红柿单位面积产量有保证的前提下,这种长12.5 m、宽4.3 m的西红柿采摘机每分钟可采摘1 t多西红柿,1小时可采摘70 t西红柿。这种西红柿采摘机首先将西红柿连枝带叶割倒后卷入分选仓,仓内能识别红色的光谱分选设备挑选出红色的西红柿,并将其通过输送带送入随行卡车的货舱内,然后将为成熟的西红柿连同枝叶一道粉碎,喷撒在田里作肥料。

2017年10月,比利时公司Octinion在温室进行了草莓采摘机器人测试,草莓采摘机器人可以自主识别那些成熟的草莓,并判断摘取会不会损伤草莓,利用机械臂上3D打印的机械爪将生长在支架上的成熟的果实轻轻摘下,而不损伤草莓茎叶和果实。每摘一颗果实用时约5 s,但对草莓的种植环境有一定的要求,需要符合草莓的桌面生长系统。

日本KondoN等人研制的黄瓜采摘机器人采用六自由度的机械手,能在专门为机械化采摘而设计的倾斜棚支架下工作。黄瓜果实在倾斜棚的下侧,便于黄瓜与茎叶分离,使检测与采摘更容易。为了分辨黄瓜与茎叶,该机器人视觉系统采用在摄像机前安置滤波片的方式,根据黄瓜的光谱反射特性来识别黄瓜与茎叶。其末端执行器上装有果梗探测器、切割器和机械手指。采摘时,当机械手指抓住黄瓜后,由果梗探测器寻找果梗,然后由切割器切断果梗。

中国农业大学李伟教授团队研发的黄瓜采摘机器人是利用机器人的多传感器融

合功能，对采摘对象进行信息获取、成熟度判别，并确定采摘对象的空间位置，实现机器人末端执行器的控制与操作的智能化系统，能够实现在非结构环境下的自主导航运动、区域视野快速搜索、局部视野内果实成熟度特征识别、果实空间定位、末端执行器控制与操作，最终实现黄瓜果实的采摘收获。

其他农作物方面，如南京农业大学相关研究团队基于机器视觉技术研发出一种棉花采摘机器人，机器人在实际采摘时，眼睛中的工业相机摄像头配合图像采集卡即开始运作，并采集棉花图像，进行图像处理分析，定位棉花坐标位置。靠近植株后，机器人通过机械臂关节转动完成棉花采摘动作，机器人不仅可以采摘棉花，还能迅速、准确地判断出籽棉的品级。

整体而言，自20世纪末我国开展蔬果收获机器人以来，在样机作业对象、工作效率和精度方面紧跟国际先进水平，取得了一系列成果，但整体以跟踪和模仿国外机器人技术为主，尤其是针对适合我国农作物种植环境特点的机器人技术研究和产品研发的能力与国外先进技术相比，仍存有一定差距。

3. 关键技术与研究热点

植物采收机器人的研发要面向农业复杂环境下的作业，如何通过机器视觉准确识别目标，如何考虑在农作物采收中路径的灵活设置和自主变化，尤其如何保证在采收过程中对相关果实生物组织的无损害采收等问题，是制约植物采收机器人从实验室走向实际应用的关键所在，同时也是当前植物采收机器人技术研究的热点。

1）农业多变环境下采收目标感知与定位

与机器人实验环境相比，农业环境往往更为复杂多变。例如机器人作业时，天气情况会影响光照情况、如何区分采摘目标与周围其他农作物、采收对象的形态不够统一等实际情况（如果实的形状各异、成熟程度不同），这些无疑需要采收机器人能够从复杂的环境中实时、准确地识别出采收目标并锁定采收对象，针对此问题的面向农业环境的基于机器视觉、图像处理技术的农作物信息识别及获取技术和相关装备的研发是目前国内智能农业领域技术研究的热点问题。有关研究团队针对茄子采摘机器人的目标识别，研究了一种适合对茄子果实快速分割的颜色空间，并选取最优分割效果的算法，对分割后的二值图像进行残留物去除，判断图像中茄子的个数并对茄子目标进行特征提取，进一步定位、确定采收时的抓取点和切断点。

2）针对植物采收的机器人操作手爪研究与设计

相对于传统的工业机器人，农业机器人往往是针对不同农作物的专用机器人，由于其作业的特殊性，往往需要对其操作手臂、手爪进行特殊设计，植物采收机器人的作业对象是一个个植物果实，采收环境复杂多样，尤其形状、尺寸各异，成熟度情况也不相同，不同株作物的生长情况自然也会带来果实的分布是随机的。在完成对采收对象定位的前提下，如何在采收过程中保证果实的无损采摘，同时又不伤害农作物，这些均要求对于农业机器人末端操作部件的设计需要满足各种需求，实现对目标的无损柔性采收。目前的研究多针对不同的采收对象，研究适合的手爪结构，融合多传感融合、真空吸附和柔性夹持等技术对采收对象实现无损柔性操作，并同时研究适合的农业机器人装备新材料，对于解决农业机器人的柔性操作、保证采收质量具有重要意义。相关研究团队研究的柔性果蔬采摘机械手的手部依据仿生功能的理念，机械指面采用橡胶材料，其表面的设计类似于人类指纹的纹路，可提高其摩擦附着性能，抓取目标物体时更为稳固；同时，其伺服系统可以很好地控制机械手抓取力度，降低对物体的机械损伤，可以实现对不同形状、大小物体的自适应抓取。

3）植物采摘机器人推广使用的挑战

当前在我国农业机器人领域，植物采收机器人仍较多停留在实验室环境，但随着机器人相关的自动控制、智能控制和新兴制备材料的应用，其必将走出实验室进入农田作业。面临的挑战是：如何将传统的农业生产田间环境以适应采收机器人的结构化作业环境要求，同时进一步加快研究、提高农业机器人对作业环境的适应性和相关的配套农机设备，也是促进植物采摘机器人推广使用的重要问题。

10.4.3　农产品分拣机器人

1. 应用背景

随着社会的发展和人们物质文化生活水平的提高，人们对农产品商品的外观、大小、形状、颜色等也有了更高的要求。这也对农产品生产、经销提出了相应的需求和要求，即如何有效对农产品进行商品处理，进而提高农产品商品的价值和竞争力，将农产品按级别进行分类、分装是有效的途径，即农产品诸如水果、蔬菜等在进入市场之前，按照大小尺寸及品质等级标准对其进行拣选、分类和包装。

在农产品分拣过程中，传统的人工分拣显然已经不能满足规模化生产的需要，因此越来越多的机械化、半自动化分拣得到较为普遍的应用。当前传感器技术、人工智能技术的发展及应用，尤其在机器人领域的深度应用，使得完全利用农产品分拣机器人进行农产品分拣从实验室走向农产品加工车间，走向市场越来越可行，在农产品加工质量，提高分拣效率和降低人工成本等方面具有重要意义。

2. 国内外研究现状

发达国家对农产品分拣机器人的研制起步早、投资大、发展快，这些国家农业规模化、多样化、精确化的快速发展，有效地促进了农产品分拣机器人与其他智能化农业机械的发展。自20世纪80年代开始，发达国家根据本国实际，纷纷开始农产品分拣机器人的研发，并相继研制出了适用于不同水果和蔬菜等多种农产品质量品质分级分拣装备。

日本是农产品分拣机器人研究最早，同时也是市场发育最为成熟的国家之一，在果蔬分拣系统及果蔬拣选机器人的研究开发和使用方面居世界领先地位。2009年研制出能够自动从箱子里面取果实并能全方位检查果实的分选机器人系统，该系统分选操作无须人的主观干预。英国一家农机所研制的分拣机器人，采用光电图像识别和提升分拣机械组合装置，能够区分西红柿与樱桃，并分拣装运。意大利UNITEC公司开发出一系列用于水果及蔬菜采摘后进行体积、尺寸和颜色识别的专用分拣机，能使径向尺寸小于40 mm的水果分拣速度达到18个/s，大于40 mm的水果达12个/s。1995

年美国研制成功的 Merling 高速主频计算机视觉水果分级系统，生产率约为 40 t/h，已广泛用于苹果、橘子、桃和西红柿等水果的分级。目前，国外基于计算机视觉技术的农产品尤其是水果外观品质（主要为水果颜色）分拣技术与装备研究已经较为成熟，已有多家大型果蔬设备制造厂商进行相关设备的开发和推广，如荷兰的 GREEFA 水果分级线，代表型号有 GeoSort 和 SmartSort；美国 Merling 高频计算机水果分级系统，代表型号有 OSCARTM 型和 NERLIN 型。法国的 Maf-Roda、意大利的 unitec、新西兰的 Compas 等都是全球化的果蔬分拣输送设备公司。

除了农产品外观品质分拣机器人外，内部品质在线检测分拣设备研发方面国外也遥遥领先，这方面的研制工作主要是基于红外传感、光谱技术。1990 年，日本首先推出采用近红外传感器的水果分选系统，20 世纪 90 年代中期该系统开始应用于水果甜度分选。1996 年，日本 FANTEC 公司开发了透射式近红外光谱测试技术，可同时测定水果的成熟度、含糖度、含酸度、苹果中的糖蜜等多种指标，并推出袖珍式 FRUIT 5 装置，测定速度达到 5 个/s，从而保证了日本国产水果在市场上的销售质量。1998 年，日本 Mitsui Mining 公司的 Kawano 等人研发了基于近红外传感器的水果分级线，自此很多制造商也开始进入农产品自动化分拣这一领域。目前，基于近红外传感器的农产品内部品质分级系统较为成熟并已经商品化，主要供应商如 Aweta（荷兰）、Greefa（荷兰）、Maf-Roda（法国）、FANTEC（日本）、Unitec（意大利）、Taste Tech（新西兰）等公司。

20 世纪 90 年代中期，我国开始水果分拣机器人技术的研发，由于起步较晚，农产品分选机器人的应用和发展还面临观念和技术两方面的挑战。但随着我国科技和经济的快速发展，尤其是国家对农产品产后质量的重视和不断加大农业机械化发展扶持力度，中国农机化事业进入前所未有的良好的发展时期，也为农产品分拣机器人提供了良好的发展机遇。国内的研究单位主要有浙江大学、江苏大学、中国农业大学、国家农业智能装备技术研究中心等，已取得了良好的研究进展，并开发出了相应的产品，尤其是以浙江大学应义斌团队和江苏大学赵杰文团队为代表率先研发出了我国拥有自主知识产权的农产品分拣机器人。同时，国内也出现了一些农产品分拣机器人制造企业，比如青岛有田农业发展有限公司已应用果蔬智能分拣机器人进行胡萝卜分选，生产线上的胡萝卜，通过智能化分拣机器人 360°镜面扫描，可快速按照国际标准对果蔬的大小、果形、颜色、缺陷进行自动品质分级。

在农产品内部品质在线检测方面，国内的研究尽管起步较晚，但也已取得了一定的成果，如研究人员利用近红外光谱分析技术、高光谱成像技术和多信息融合技术对苹果的品质进行快速无损检测研究，将高光谱图像应用于苹果糖度分布的检测，或通过 CT 值和富士苹果的主要成分，包括水分、糖分和酸度值的关系的对比，证明了富士苹果主要成分和其对应的 CT 值之间有较好的相关性，利用 CT 图像较好地拟合了苹果内部成分的变化，并可通过 CT 图像分析检测苹果内部品质。但目前针对农产品内在品质在线检测分拣机器人的制备、市场应用还需要进一步推广。

整体而言，农产品分拣基于形状、外观的分拣技术及对应的机器人制作已经比较成熟，并在实际生产中得到推广应用，而水果内部品质在线无损检测技术虽然在部分农产品检测中得到应用，但整体而言仍在发展之中。与国外相比，我国已有农产品外观品质分拣的机器人投入市场，但在内部品质分拣机器人技术和制造方面，技术不够成熟，仍需取得一系列具有自主知识产权的自有技术的突破和应用。

3. 关键技术与研究热点

农产品分拣机器人在实际作业中，具有如下特点：

（1）作业季节性依赖强。农产品生产季节性较强，因此在农产品分拣机器人的使用上也具有较强的季节性依赖，同时农产品分拣机器人往往都是针对某一具体的农产品进行设计与开发，因此功能相对单一，通用性不强，这也直接影响农产品分拣机器人的利用效率，无形中增加了农产品分拣机器人的使用成本。

（2）实际分拣时标准难以统一设置。由于不同农产品的果实结构、营养价值等不同，因此在分拣标准的设定上是分拣机器人作业的难点，需要根据不同个体的实际结构进行判断是否成熟、合格等，难以硬性设置分拣的标准。

与农产品的分拣质量相对应，与工业标准化产品分拣机器人相比，智能的农产品分拣机器人的研制需要涉及以下关键技术：

1）机器视觉和图像处理技术

机器视觉技术是实现农产品质量品质检测自动化必不可少的技术。通常农产品外观品质的检测分拣均依赖于分拣机器人对所获取的农产品图像特征的正确分析、识别，它是当前农产品外观品质分拣的最为有效、最普遍的技术。这也是目前国内对农产品分拣机器人性能提高而开展的重要技术之一。

2）生物传感器技术

研究生物的化学、光学、声学等特性，开发新的生物传感器，以提高机器人对作业环境的适应和复杂场景的处理能力，是提高农产品分拣机器人工作可靠性、稳定性的重要手段。

3）光谱建模分析技术

光谱技术是目前被证明最为有效的农产品内部品质检测分拣技术之一，研究有效光谱选择、分析、建模、优化的技术和方法，提高相关模型在农产品分拣机器人工作过程中的稳定性和可靠性，推动先进的农产品内部质量品质的分拣机器人的研发和应用。

4）关键机械机构设计优化技术

机械体是农产品分拣机器人实施分拣任务的基础组成部分，对农产品分拣的结果是否满足质量和外观要求有着直接影响，因此利用先进的制作工艺和新型材料实现对关键机械机构的研制对提高农产品分拣机器人的性能起着重要作用。

4. 农产品分拣机器人推广使用的挑战

农产品分拣机器人的发展虽取得了较大进步，但当前只能集中于少数农产品的分拣，涉及的农作物种类及分拣机器人在实际农业生产中的普及仍不广泛，未来要加大农产品分拣机器人的应用，还有很多工作要做。

（1）解决农产品分拣机器人分拣对象的多样性的拓展。当前的技术研究仍是基于计算机图像处理的机器视觉技术，因此，如何增加不同种类的农产品图库，进而通过机器学习图像处理，实现相应的农产品识别系统是问题的关键所在，而人工智能技术的快速发展为此提供了可靠有效的技术支持。

（2）分拣不应仅仅依赖于外观与形状进行分拣，如何深入利用现有的光谱、声谱等技术，研究农产品内部质量的无损检测是提高分拣质量的技术挑战。

（3）针对当前分拣机器人功能仍局限于“分拣”的情况下，如何将分拣的前后环节与农产品加工的其他流程环节进行有效结合，扩充其相应的功能，例如可以随着分拣的同时完成包装、贴标签等功能，从而进一步支持农产品的信息追溯等需求，进而适当增加相应的功能集成，从而提高分拣机器人的应用和利用率，以便于其推广使用。

第11章 农业物联网智能信息服务平台

农业物联网可以实现对农业生产环境数据的精准、实时采集，实现对农业生产过程的全程监控，降低农业用工成本，提升农业资源利用率，提升农产品的产量和品质，保障国家粮食安全。搭建一套支持农业信息实时采集、集成、共享、推送的智能信息服务平台有助于提高农业生产效率。

11.1 工作基础

针对当前农业信息服务平台中存在的突出问题，围绕面向移动终端的农业传感器网络定位、农业环境信息感知、农业险情多媒体数据采集与实时传输、多源异构农业信息资源集成与共享、农业信息资源智能推送和交互式信息服务展开研究，旨在综合运用 GIS、LBS(Location Based Services，定位服务)、元数据、物联网、云计算等新兴技术手段，设计并搭建一套支持农业信息实时采集、集成、共享、推送的智能信息服务平台，并将该成果在部分企业、农技部门和农村进行推广和应用。在实践中检验理论成果的可行性和可靠性，并为今后在我国一些重点企业、地区开展农业智能信息服务平台的建设工作奠定理论和技术基础。

11.2 总体设计

在农业环境信息的采集与传输方面，提出了一种基于移动终端的农业环境实时数据感知与无线传输技术。本系统接入了实时传感器数据，如实时的温度、光照、气体浓度信息等，提供农作物生长的环境信息，利于农机专家诊断农作物病情。其中对传感器接入方式进行了优化，利用串口转 Wi-Fi 装置将传感器数据转换成无线信号，代替了以往的上位机，降低了系统的开发成本。用户可以使用该系统采集传感器的实时数据，及时了解农作物的环境状况。

在农业险情多媒体数据采集与传输方面，提出了一种基于移动终端的农业险情多媒体数据采集与多用户实时通信交互技术。该方法利用 FMS、RTMP/RTMFP 协议实现视频直播功能，农技人员或者农技专家可以实时地通过移动终端与农业人员进行视频通话，能够快速准确地诊断病情，给出相应的处方，快速解决问题。农业人员可以对农作物拍照或者录一段病虫害情况的视频，将其上传至服务器，这样可以使农技人员或者农技专家更好地了解问题，给出准确、全面的处方，及时解决问题，减少损失。

农业物联网智能信息服务平台如图 11.1 所示。

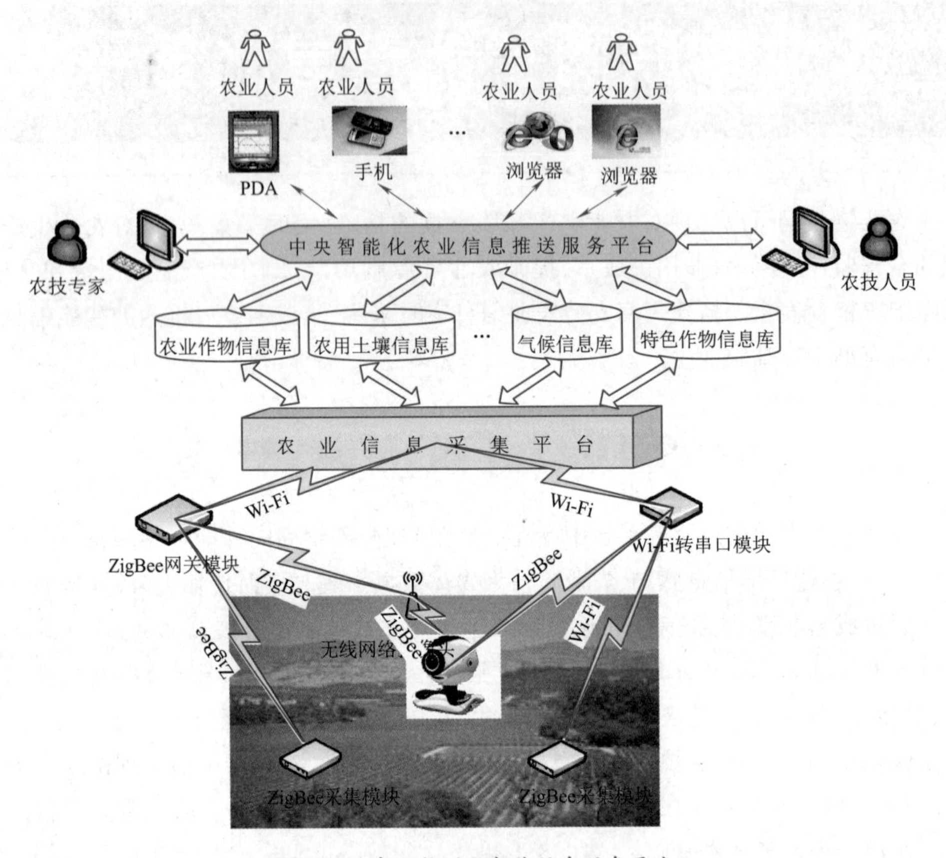

图 11.1　农业物联网智能信息服务平台

11.3　基于移动终端的农业环境数据感知与传输技术

在农田、温室大棚、园林等农业生产环境中布设大量传感节点，实时收集环境温度、湿度、光照、气体浓度以及土壤水分、电导率等信息，有利于农业生产人员对环境进行分析，从而有针对性地投放农业生产资料，并根据需要调动各种执行设备，进行调温、调光、换气等动作，实现对农业生长环境的智能控制。

如图 11.2 所示，以移动智能终端为采集设备，农作物环境信息先经过 ZigBee 网络，再经过 Wi-Fi 网络最终传递到智能终端，最后经过 4G 网络将所采集的信息上传。

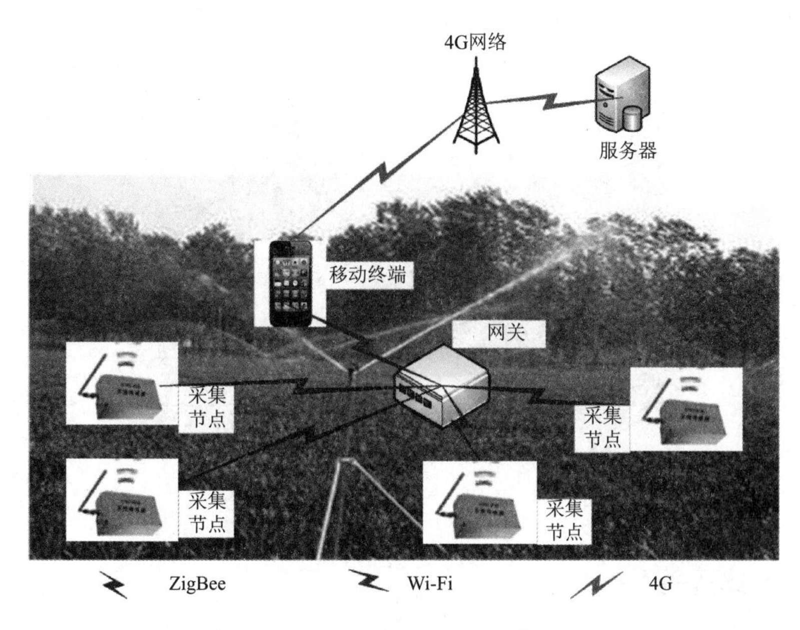

图11.2　基于移动终端的农业环境数据感知与传输示意图

11.3.1　基于ZigBee的农业环境信息采集模块

ZigBee是基于IEEE802.15.4标准的低功耗的局域网协议。根据这个协议规定的技术是一种短距离、低功耗的无线通信技术，其特点是近距离、低复杂度、自组织、低功耗、低数据速率、低成本，主要适用于自动控制和远程控制领域，可以嵌入各种设备。美国TI公司生产的CC2430/CC2530芯片集成了51单片机内核，相较其他ZigBee芯片的应用更为广泛。

CC2530提供了101 dB的链路质量、优秀的接收器灵敏度和健壮的抗干扰性、4种供电模式、多种闪存尺寸，以及一套广泛的外设集——包括2个USART、12位ADC和21个通用GPIO等。除了通过优秀的RF性能、选择性和业界标准增强8051MCU内核，支持一般的低功耗无线通信，CC2530还可以配备TI的一个标准兼容或专有的网络协议栈(RemoTI、Z-Stack或SimpliciTI)来简化开发。

这里使用CC2530研制了包括网关模块和采集模块的ZigBee模块，其中网关模块用于接收其他ZigBee采集模块所发送的信息，通过串口直接和Wi-Fi模块连接，通过串口进行通信；采集模块上装有传感器，用于采集温度、光照、湿度、特殊气体浓度等信息，通过ZigBee网络与网关模块进行通信。ZigBee网关模块与采集模块所用的硬件元器件均相同，仅芯片程序不同，便于批量生产。

采集模块可以提供通用接口，接入多种传感器，实现即插即用，完成不同需求的采集任务。例如，温度传感器采用单线数字温度计DS18B20，提供9 bit的温度读数，指示器件的温度信息经过单线接口送入DS1820或从DS1820送出，因此从采集模块的CPU到DS1820仅需一条线。DS1820的电源可以由数据线本身提供而不需要外部电源。其他传感器可以采用类似方式。如图11.3所示，采集模块上可以插温度、湿度、光照、土壤酸碱度等传感器。

图 11.3　ZigBee 模块与传感器的连接图

11.3.2　无线网关

网关模块与采集模块所用的硬件元器件均相同，仅芯片程序不同，网关模块负责采集命令的广播与各个采集模块返回的环境信息的汇总，通过串口 Wi-Fi 模块返回智能终端，ZigBee 模块与串口 Wi-Fi 模块的连接图如图 11.4 所示。

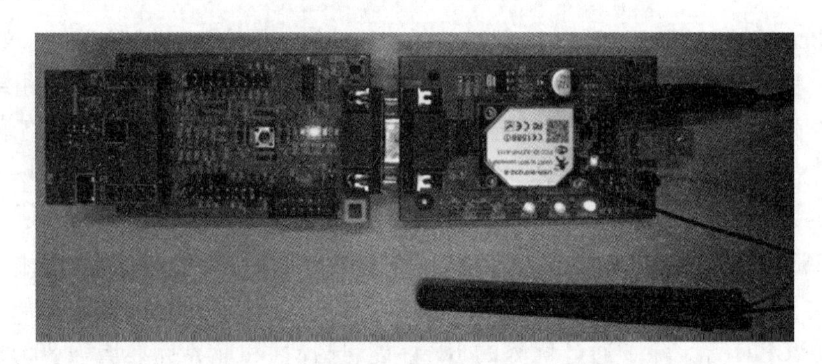

图 11.4　ZigBee 模块与串口 Wi-Fi 模块的连接图

网关模块的通信采用主从式，智能终端向网关模块发送采集命令，网关模块将采集命令广播到各个采集模块，各个采集模块读取环境信息并返回网关模块，网关模块将多个采集模块的信息汇总，返回智能终端，如果智能终端不发送采集命令，则网关模块不做响应，采集模块也不做响应。智能终端作为上位机，网关模块和采集模块共同组成下位机，实现一问一答，非问莫答，避免下位机同时发送数据产生冲突。通信过程均由上位机发起，下位机应答。本系统采用了分布式信息采集监控系统通信协议，该协议规定了智能终端与 ZigBee 模块的通信要求，并规定了通信协议的基本数据、参数格式。

该协议采用异步串口通信方式，通信波特率为 38 400 bit/s，数据位为 8 bit，停止位为 1 bit，无校验位。该协议通常的命令区命令格式如表 11.1 所示。

表 11.1　命令格式

帧头	命令	数据高位	数据低位	校验和	帧尾
1 字节	1 字节	1 字节	1 字节	1 字节	1 字节
0XEF	CMD	DataH	DataL	Sum	0XFE

注:校验和 = 命令 + 数据高位 + 数据低位。

11.3.3　串口 Wi-Fi 模块

串口 Wi-Fi 模块是基于 UART 接口的符合 Wi-Fi 无线网络标准的嵌入式模块,内置无线网络协议 IEEE802.11 协议栈以及 TCP/IP 协议栈,能够实现用户串口数据到无线网络之间的转换。通过串口 Wi-Fi,传统的串口设备也能轻松接入无线网络。

这里串口 Wi-Fi 模块的工作模式为透明传输模式,网络协议使用 TCP 协议;将 ZigBee模块的串口数据,通过 TCP 协议透明地传输给智能终端,智能终端将环境数据解读为用户可识别的数据。该模块的基本参数如表 11.2 所示。

表 11.2　模块基本参数

	项目	指标
无线参数	标准认证	FCC/CE
	无线标准	802.11 b/g/n
	频率范围	2.412 ~ 2.484 GHz
	发射功率	802.11b: +20 dBm(Max.)
		802.11g: +18 dBm(Max.)
		802.11n: +15 dBm(Max.)
		用户可以配置功率
	接收灵敏度	802.11b: -89 dBm
		802.11g: -81 dBm
		802.11n: -71 dBm
	天线选项	外置:I-PEX 连接器
		内置:板载天线
硬件参数	数据接口	UART:1 200 bit/s ~ 230 400 bit/s
		以太网:100 Mbit/s
		GPIOs
	工作电压	3.3V(+/-5%)
	工作电流	170 mA ~ 300 mA
	工作温度	-10 ℃ ~ 70 ℃
	存储温度	-40 ℃ ~ 85 ℃
	尺寸	25 × 40 × 8(A111)或 30 × 45 × 8(A112)

续表

	项目	指标
软件参数	无线网络类型	Station/AP 模式
	安全机制	WEP/WAP-PSK/WAP2-PSK/WAPI
	加密类型	WEP64/WEP128/TKIP/AES
	工作模式	透明传输模式,协议传输模式
	串口命令	AT+命令结构
	网络协议	TCP/UDP/ARP/ICMP/DHCP/DNS/HTTP
	最大 TCP 连接数	32
	用户配置	Web 服务器+AT 命令配置
	客户应用软件	支持客户定制应用软件

11.4 基于移动终端的农业多媒体数据采集与实时通信技术

我国为农业大国,干旱、洪涝、台风、病虫害等各种农业险情频发,给农业生产造成巨大损失。

随着智能移动终端的普及以及4G、5G技术的发展、应用,充分利用文本、图像、视频、音频等各种多媒体数据实现农户与农技人员的交互,既有利于农技人员准确判断险情,又有利于农户使用方便。

11.4.1 基于移动终端的多媒体数据采集

平台利用智能移动终端实现农业信息(文本、图片和视频)的交互。系统采用 B/S、C/S 架构相结合的方式,实现移动终端与移动终端、移动终端与计算机、计算机与计算机之间的通信。

移动终端与计算机的通信采用基于 C/S 架构,移动终端作为客户端,远程服务器作为服务器端,采取模拟 HTTP(Hypertext Transfer Protocol)协议的 POST 方式,借助 json 对象,以 multipart/form-data 的数据形式实现。基本过程如下:

(1)通过用户输入或者利用摄像头得到多媒体数据,将数据组装为 HTTP 协议规定的数据形式,并以流的形式写入数据虚拟管道中。

(2)服务器端利用 servlet 处理客户端的 POST 请求得到流信息,再通过架设内存与服务器端对应目录的数据流管道将流信息写入本地文件中,或通过数据库连接池的形式连接 SQL Server 数据库将存储字段写入数据库。

(3)在客户端获取数据时,根据需求发出 Request,服务器查询数据库得到数据,将数据组组装为 json 对象形式以流方式传输给客户端。

上述过程中的关键技术描述如下:

(1)移动终端图片信息的获取方法。通过获取存储在内存中的摄像头信息,经适当比例压缩后,存储到本地外存上。

(2)移动终端视频信息的获取方法。直接利用指向内存中摄像头信息的引用,通过文件流管道接通内存中的信息和外存中的文件,将内存中的信息写入外存文件中。

(3)移动终端信息上传的方法。利用 URL 获取 HttpURLConnection 对象 conn,并设置 conn 的 input、output、ReadTimerout、UseCaches、RequestMethod、RequestProperty 等参数,之后利用 StringBuilder 根据文件及文字传输格式拼接数据流,通过流写入输出管道中完成数据上传。

(4)移动终端查看信息的方法。先创建 HttpClient 对象,利用该对象发送 Http Request请求,HttpResponse 接收请求的返回值。服务器端将查询的数据转换成 json 对象形式的数据流,json 对象操作的方法采用封装好的 json-lib-2. 2-jdk15. jar 包,具体数据转换通过创建 json 对象和 json 数组实现。

11.4.2 移动终端与计算机的实时视频传输

由于 FMS(Flash media server)能够降低媒体发布的复杂性,提供更高质量的体验,确保不间断观看,而且有助于增加系统用户数量,所以采用 FMS 作为系统音视频服务器。为了创建基于 P2P(Peer to Peer)的应用,必须在服务器端创建 RTMFP(Real Time Media Flow Protocol)协议的连接,但 RTMFP 协议是基于 UDP 协议的,而且部分网络环境不支持 UDP 协议,所以加入了 RTMP 连接方式。

RTMP 消息块流是为多媒体流提供多路传输和数据打包而设计的应用级协议,尽管 RTMP 消息块流设计时是为了与 RTMP 协议一起工作,但是它也可以处理任何传送消息流的协议,每一个消息包含时间戳和有效负载类型标示,RTMP 消息块流和 RTMP 一起适用于多样性音视频应用程序,包括一对一和一对多直播和视频点播服务以及交互式会议应用程序。当与像 TCP 这样的可靠传输协议一起应用时,RTMP 消息块流提供可靠的时间戳进行端到端全信息传送。RTMP 消息块流不提供任何控制的优先级别和相似功能,但是可以使用更高级协议来提供这样的优先级控制操作。

为了实现实时视频通信,需首先在 FMS 的 Application 中建立 P2P Video 应用,之后分别编辑 FMS 端和客户端程序。客户端利用 Flash Builder 4.6 作为开发平台,首先定义基于 RTMP 和 RTMFP 协议的应用服务器访问路径,之后依次创建 NetConnection、NetStream、Video 对象,并设置音视频播放控件 VideoDisplayer、信息录入文本框和控制按钮。最后为 VideoDisplayer 添加播放对象 Video,并启动视频流。

当客户端与 FMS 成功创建 RTMFP 连接时,服务器会为每个客户端连接创建一个 256 bit 的唯一 ID,通过这个 ID,客户端之间就可以进行 P2P 连接。创建 P2P 方式的音视频流的方法是,通过 FMS 将客户端各自对应的唯一 ID 发送给通信对方客户端在初始化发布的音视频流函数 initOutStream 中,添加传递参数 peerID:String,用来接收 FMS 服务器发送的对方的 peerID,保证该客户端可以连接到需要通信的客户端。

第12章 智能农业生产系统展望

智能农业是继传统农业、机械化农业、自动化农业之后的更高阶段的农业发展阶段，是以物联网、大数据、人工智能、机器人等技术为支撑和手段的一种高度集约、高度精准、高度智能、高度协同、高度生态的现代农业形态。智能农业生产系统在我国已经得到一定程度的推广应用，正在逐步改变我国传统农业生产管理模式，特别是农业专家系统、农业机器人、农业物联网综合管理平台以及农业大数据智能决策系统等推广应用。

中国农业大学李道亮教授认为通过30多年（到2050年，即第二个百年）的现代农业的建设，国内农业信息化应用水平基本达到或超过现在欧美发达国家水平，农业信息化进入农业产业集成融合发展阶段，基本实现新一代信息技术与“三农”的完全融合，全国完全实现传统农业产业的数据化、在线化改造，发达地区完全实现农业产业与新一代信息技术集成融合，全面实现农业3.0的目标，中国农业重新回到世界农业的制高点上。再经过20年（2070年前后）农业现代化的建设，国内农业生产智能化、经营网络化、管理个性化，城乡“数字鸿沟”彻底消失；大众创业、万众创新的良好局面成为一种新的常态；智能化成为农业现代化发展的坚强支撑，信息技术、智能技术与农业生产、经营、管理、服务全面深度融合，农业全面进入智能化时代，中国农业成为世界农业的领跑者。

可以说，未来智能农业生产系统将会有巨大的发展空间和潜力。

12.1 未来智能农业生产系统的组成和特征

智能农业生产系统属于多变量、大惯性、非线性的复杂大系统，贯穿农业信息获取、数据通信、数据融合与专家智能决策系统、自动控制等于一体。全面感知、可靠传输和智能处理等智能技术创新了智能农业生产系统的应用模式，各种农业资源利用效率大幅度提高，农业能耗和成本最大限度地降低，农业生态环境破坏最大限度减少，提高了农业全链条、全产业、全过程的智能化、泛在化程度，实现农业生产环境的实时监测、自动控制、数字化管理，农业生产管理系统达到整体最优化。

1. 全面感知的农业生产数据获取

近年来微电子、微控制器等新兴技术不断发展，技术越发成熟，传感器体积越发小巧，农业物联网传感器将向微型化、智能化发展，传感器与微控制器的结合进一步提升了农业传感器的智能化程度。智能传感设备的广泛应用，实现了农业生产、加工、流通全过程的数字化与可感知，农业信息获取的范围越来越广。一方面，农业智能传感器技术、传感网技术以及光谱、多光谱、高光谱、核磁共振等先进检测方法在各种农业信息采集方面得到广泛应用，农业物联网数据的精度、广度、频度大幅度提高。另一方面，包括光谱技术、机器视觉技术、人工嗅觉技术、热红外技术等在内的多源信息感知技术的广泛应用，实现了农业复杂对象的数字化描述。

2. 高效可靠的农业生产数据传输

伴随着传感终端的大量使用，农业生产数据传输也呈现出新的特征，数据传输精度越来越高、数据传输频率越来越快、数据传输密度越来越大、数据综合程度越来越强，针对网络类型不同、传感设备来源不一、农业原始数据繁杂无序等问题，建立符合大数据特征的高速数据传输专用通道，解决海量、多源、异构的农业生产数据的快速采集、有效汇聚、兼并融合难题，实现农业生产环境数据可以进行高可靠的信息交互与传输。

3. 智慧高效的农业综合管理决策

智能农业生产系统是一个复杂系统，具有许多不确定性和不精确性，对其信息的实时分析是一个难点。利用大数据、云计算、数据融合与数据挖掘、优化决策等各种智能计算技术，突破多源数据融合、数据高效实时处理等方面的瓶颈，对物联网、传感网、互联网融合感知获取的海量数据进行分析处理，提供集图形、声音、影视为一体的多媒体服务系统，提高智能化决策与控制水平，实现农业全过程的动态化、可视化、个性化、集约化、工厂化管理。

智能农业生产系统的主要特征包括：

（1）以无人控制为特征的智能农业。智能农业利用农业标准化体系的系统方法对农业生产进行统一管理，所有过程均是可控、高效的，一旦设定监控条件，可完全自动化运行，不需要人工干预，真正实现无人化作业。

（2）以精细管理为特征的智能农业。智能农业为农业生产提供实时数据获取和分析，可获得农作物生长的最佳条件，优化农作物生长环境，提升产量和品质，提升水资源、化肥等农业投入品的使用率和产出率。

（3）以有机循环为特征的智能农业。通过智能化技术控制，构建超越有机的农业多要素共生系统，通过封闭控制实现低耗能、自循环的环境控制系统，避免了水质污染、空气污染、病虫害以及极端气候对农业生产带来的危害。

（4）以食品安全为特征的智能农业。在农产品和食品流通领域，集成应用电子标签、条码、传感器网络等农产品和食品追溯系统，实现农产品和食品质量跟踪、溯源和可视数字化管理，对农产品从田头到餐桌、从生产到销售全进程实行智能监控。

12.2 智能农业生产系统的重点领域

在大田种植环境中，利用空天地一体化的农田和农作物生长信息获取技术，建立卫星和气象大数据收集、处理、分析和可视化系统，精准获取农作物农情，实现农作物长势、灾害、产量的精准预测、预警与防控，为全球、区域、国家等不同区域维度的农业生产提供种植面积测算、农作物长势监测、生长周期估算、产量预估、自然灾害预测、病虫害预警等服务；采用水、肥、药变量精准作业技术，实现农作物的精准灌溉、施肥和施药，提高水、肥、药的利用率，减少对资源的浪费和环境的污染及破坏。孟山都公司的See and Spray系统，利用AI分析高分辨率图像，并检测出杂草的存在和位置。实践表明，通过高度精确和有针对性的喷雾应用，他们可以减少90%的除草剂用量。改变了以往监测主要靠人工、费时费力效率低的问题，为指导大面积生产提供了科学数据，时效性增强，同时实现了生产管理的定量化、精确化等。采用农机跨区指挥调度与作业优化技术，进而实现农机最佳利用。

在设施大棚领域，农业物联网信息采集设备通过相应的数字、化学、光学等类型的传感器实时获取温室内的空气温湿度、光照强度、土壤温度、土壤水分、作物叶绿素、氮素含量等信息，通过低功耗无线自组网络传递至控制中心服务器后，运用大数据、云计算等技术进行智能化决策，并根据决策结果自主实现对温室内环境控制设施的智能化控制，如天窗、遮阳、通风、湿帘、卷膜与卷帘等控制，为温室内的作物提供最佳的生长环境，实现蔬菜、花卉和瓜果的精准生长调控。另外，射频导航、机器视觉和近红外等技术的发展，推动了智能机器人的应用，如智能园艺机器人实现蔬菜嫁接、修剪等，智能收获机器人实现蔬菜、花卉、瓜果的分选分级和自动化包装等。

在水产养殖领域，水产养殖管理的智能化、农产品安全溯源、水产品供应链的智能化等方面都亟待建立智能水产养殖生产系统，采用环境测控等物联网技术和生长调控模型技术，研发基于机器视觉技术的鱼卵、鱼苗质量检测技术，采用动物生长调控模型等实现网箱投饵自动精准控制和水质监控，推广应用以监测水体溶解氧，调控增氧机为典型的智能控制系统，实现池塘养殖的增氧、投饵的自动化和精准化，实现了养殖环境闭环自动控制，提高信息化与智能化水平，实现渔民、管理者、水产科技人员等养殖管理技术的互联互通，进而拓展到养殖品种、养殖环境、仓储和物流等养殖信息的互联互通，以及水产数字化机械、环境监测预警等养殖管控信息的互联互通，以实现即时感知、信息互联互通和高度智能化，缓解水产养殖劳动力资源短缺等问题，转变水产养殖的发展模式，推动水产养殖现代化。

在牲畜养殖过程中，运用感知技术、无线通信技术、数据处理技术、自动控制技术等进行集成化应用，通过农业物联网技术实时监测牲畜养殖舍内的环境信息，自主调控环境，对饲喂、疫病、繁殖、粪便清理等环节自动化、智能化、精准化管理；大量使用电子标签(RFID)、定位、姿态感应等技术实现对动物群体的个体进行识别与跟踪，实现畜牧、畜禽的生活习惯、行为动态的智能监测。运用自动调控畜舍环境和智能化变量饲养技术,实现养殖环境因子远程调控和预警预报,养殖和疫病防控水平显著提高。目前,阿里云 ET 大脑养猪将会是未来智能养殖的一种主要模式,利用视频图像分析、人脸识别、语音识别、数据算法、智能机器人等技术,由 ET 大脑为每头猪建立包括品种、年龄、体重、进食情况、运动强度、运动频次、运动轨迹等在内的多个维度的数据档案,通过数据分析来判断猪的健康度、进食度、料肉比等。数据收集和数据分析贯穿养猪全过程,除此以外,猪仔从出生到生猪消费市场,猪的养殖数据,健康数据以及养殖源头数据等均可被追溯,这样才能真正实现从“田园到餐桌”的透明供应链。通过智能化养殖,进而提升母猪年生产能力,降低死淘率,提高养殖效率和水平。

12.3　农业机器人在智能农业生产系统中的应用

农业机器人在我国农业生产领域已经得到一定程度的推广应用,但在实际应用中存在如下几个方面的问题:

(1)农业环境的多样化无疑要求农业机器人能够具有较高的自动识别作业环境并进行应变的能力,以保证作业过程中机器人对环境的适应能力,从而保证作业过程中相应功能的稳定性和可靠性。但目前而言,当前的农业机器人往往需要人工参与操作,智能化需要进一步提高,还要进一步考虑如何有针对性的研究,充分有效利用现有的卫星导航、机器视觉、图像处理等技术,以农提高农业机器人对作业环境的适应能力,以农作物的物理特性为目标,以稳定可靠的技术为依据,开发出机器人易于实现的动作来替代仿人类的动作,实现进一步的智能化,同时应通过生物工程、设施农业等方法使农作物以及农业机器人的作业环境尽可能均质或者结构化,以降低对农业机器人各方面技术水平的要求。

(2)农业机器人操作过程中的可靠性和稳定性尚不能满足农业生产的需要。在操作过程中,机器人对操作对象的识别和相应功能的执行能力仍需提升。例如在农产品采收、分拣环节中,如何能够正确操作各种外观不同但符合一定规格的农产品,需要相关类型的机器人在作业过程中能够满足作业质量,同时也要进一步考虑农业机器人制作所需的新工艺与新材料。

(3)农业机器人功能的单一造成其价格、使用成本的增加,影响其推广使用。目前农业机器人尚不能达到规范化、模块化、批量化生产,整机价格高,操作及养护费用高,往往只适用于农业生产过程中的某一个环节或某一项特定作业,如播种、采摘、分拣等环节,不能参与整个环节的作业,在多功能融合上也尚未有成熟的技术或方案,因此无疑造成了农业机器人使用的季节性和短期性,相对整个农业生产,其利用率不高,因此需要针对此问题研究农业机器人的适用性和通用性的技术,研发集成终端执行器和计算机软件来扩展农业机器人的功能,做到一机多用,以提高农业机器人的使用效率,降低农业机器人整体的成本。

12.4 智能农业生产系统发展的建议

(1)我国在智能农业生产系统发展过程中一定要面向产业需求和发展。一方面,针对产业中的痛点和关键问题,提出解决方案和思路,创新现有产业运营和管理模式,提高农业生产效率和水平,真正解决产业中存在的问题。另一方面,大力培养农业经营者应用人工智能的意愿与能力,加强人工智能与农业深度融合的宣传工作,让农业经营者充分认识到应用人工智能的长期效益,调动广大农业相关人员应用智能农业的积极性。

(2)我国在智能农业生产系统发展过程中应重视产学研结合,积极推动科研机构、高校、企业联合开展相关技术研发,鼓励农业企业成为技术投资主体,形成良性循环,促进智能农业技术发展。加强对投资应用农业智能化设备的财政补贴,强化对智能农业生产系统的培训工作,提高农业经营者开展农业智能化生产经营的能力。

(3)我国非常重视智能农业技术在行业中的应用,特别是农业领域,取得了非常显著的进步,但是与发达国家相比,还存在一些差距,特别是原创性的技术和产品不足。在智能农业生产系统发展方面,应该充分借助快速发展的信息技术和产品,加强原创性、基础性研发,发挥后发优势,突破核心关键技术。

参考文献

[1] 张军. 3S 技术基础[M]. 北京：清华大学出版社,2013.

[2] 张凯,张雯婷. 物联网导论[M]. 北京:清华大学出版社,2012.

[3] 贲可荣,张彦铎. 人工智能[M]. 3 版. 北京:清华大学出版社,2018.

[4] 张天琪. 大数据时代农产品物流的变革与机遇[M]. 北京:中国财富出版社,2015.

[5] 中国科学技术协会,中国农学会. 农学学科发展报告基础农学[M]. 北京:中国科学技术出版社,2016.

[6] 周志华. 机器学习[M]. 北京:清华大学出版社,2016.

[7] 丁华. 基于知识工程的电牵引采煤机现代设计[M]. 北京:国防工业出版社,2015.

[8] 胡洁. 企业信息化与知识工程[M]. 上海:上海交通大学出版社,2009.

[9] 高亮之. 农业模型学基础[M]. 香港:天马图书有限公司,2004.

[10] 李航. 统计学习方法[M]. 北京:清华大学出版社,2012.

[11] 李军. 地理空间信息及技术在电子政务中的应用[M]. 北京:电子工业出版社,2005.

[12] 黄杏元. 地理信息系统概论[M]. 北京:高等教育出版社,2008.

[13] 李欣苗. 决策支持系统[M]. 北京:清华大学出版社,2012.

[14] 乔平安,朱广华,张弛,等. 物联网组网技术[M]. 北京:中国铁道出版社,2013.

[15] 任旭华,陈胜宏. 现代工程设计方法[M]. 北京:清华大学出版社,2009.

[16] 师黎,陈铁军,李晓媛,等. 智能控制理论及应用[M]. 北京:清华大学出版社,2009.

[17] 王乃斌. 中国小麦遥感动态监测与估产[M]. 北京:中国科学技术出版社,1996.

[18] 温孚江. 大数据农业[M]. 北京:中国农业出版社,2016.

[19] 王知津,李培,李颖,等. 知识组织理论与方法[M]. 北京:知识产权出版社,2009.

[20] 武奇生,姚博彬,高荣,等. 物联网技术与应用[M]. 2 版. 北京:机械工业出版社,2016.

[21] 杨露菁. 智能图像处理及应用[M]. 北京:中国铁道出版社,2019.

[22] BASKARADA, SASA, ANDY. Data, Information, Knowledge, Wisdom (DIKW): A Semiotic Theoretical and Empirical Exploration of the Hierarchy and its Quality Dimension[J]. Australasian Journal of Information Systems, 2013, 1(18).

[23] BREGLER C, Omohundro Int Conf on Computer S. Nonlinear manifold teaming for visual speech recognition[A]. Proc of Fifth VisionICl. WashinetortDC1ISA IEEE Comnuter Societv1995494.

[24] CHOO. The Knowing Organization as Learning Organization[J]. Education Training, 2001, 43(4/5): 197-205.

[25] LYNCH. Big data: How do your data grow? [J]. Nature, 2008,455(7209): 28-29.

[26] CSIRO and University of New England. Smart farming: leveraging the impact of broadband and the digital economy[EB/OL]. http://www.csiro.au.

[27] HELLY M, BELAGY S, RAFEA A. Image analysis based interface for diagnostic expert systems[J]. Proceedings of the Winter international synposium on information and Communication Tech. nologies, Tfinity College Dublin,2004: 1-6.

[28] GUO H . Steps to the digital Silk Road[J]. Nature, 2018, 554(7690):25-27.

[29] HOFFMASTER A L, FUJIMURA K, MCDONALD M B, et al. Anautomated system for vigor testing three-day-old soybean seedlings[J]. Seed Sci. and Technol,2003(31):701-713.

[30] Houskova Berankova, Martina & Houska, Milan. Data, Information and Knowledge in Agricultural Decision-Making [J]. AGRIS on-line Papers in Economics and Informatics, Czech University of Life Sciences Prague, Faculty of Economics and Management, 2011,3(2):1-9.

[31] ROWLEY J. The wisdom hierarchy: representations of the DIKW hierarchy[J]. Journal of Information Science, 2007, (33): 163-180.

[32] GIRSHICK R, DONAHUE J, DARRELL T, et al. Rich feature hierarchies for accurate object detection and semantic segmentation[J]. IEEE Int'l Conf. Computer Vision and Pattern Recognition, 2014.

[33] WANG Y, TANG Q, XIA S T, et al. Bernoulli Randon Forests: Closing the Gap between Theoretical Consistency and Empirical Soundness[C]. In International Joint Conference on Artificial Intelligence, 2016: 2167-2173.

[34] BEJERANO. Coverage Verification without Location In-formation[J]. IEEE Transactions on Mobile Computing, 2012, 11(4): 631-64.

[35] 保华,黄文倩,李江波,等. 基于亮度矫正和 AdaBoost 的苹果缺陷在线识别[J]. 农业机械学报, 2014,45(6):221-225.

[36] 陈海燕,张爱华,胡世亚. 基于局部纹理差异性算子的高原鼠兔目标跟踪[J]. 农业机械学报, 2016,32(11):214-218.

[37] 陈佳娟,纪寿文,李娟,等. 采用计算机视觉进行棉花虫害程度的自动测定[J]. 农业工程学报, 2001,17(2):157-160.

[38] 陈娇,姜国权,杜尚丰,等. 基于垄线平行特征的视觉导航多垄线识别[J]. 农业工程学报, 2009,25(12):107-201.

[39] 陈鸿翔. 基于卷积神经网络的图像语义分割[D]. 杭州:浙江大学,2016.

[40] 陈朋云. 遥感图像变化检测方法研究及应用[D]. 乌鲁木齐:新疆大学,2018.

[41] 陈仲新,任建强,唐华俊,等. 农业遥感研究应用进展与展望[J]. 遥感学报,2016,20(05): 748-767.

[42] 崔艳丽,程鹏飞. 温室植物病害的图像处理及特征值提取方法的研究[J]. 农业工程学报, 2005,21(6):32-35.

[43] 范文义,孙晟昕,王静文. 多时相遥感影像相对辐射校正方法对比[J]. 遥感信息,2016,31(03):142-149.

[44] 傅隆生,冯亚利,Elkamil Tola,等. 基于卷积神经网络的田间多簇猕猴桃图像识别方法[J]. 农业工程学报,2018,34(02):205-211.

[45] 高国琴,李明. 基于 K-means 算法的温室移动机器人导航路径识别[J]. 农业工程学报,2014, 30(7):25-33.

[46] 高天舒,董彬. 浅谈遥感技术的应用及其发展趋势[J]. 科技视界,2018(04):147-148.

[47] 葛佳琨,刘淑霞. 数字农业的发展现状及展望[J]. 东北农业科学,2017,42(3):58-62.

[48] 顾明明,黑文艳,李长春,等. 大区域 Landsat 影像数据的一体化镶嵌处理方法与研究[J]. 测绘地理信息,2018,43(04):55-58.

[49] 桂淮濛. 遥感技术在农业生产中的实际应用[J]. 农业工程,2019,9(02):22-24.

[50] 郭华,宋雅雯,曹如中,等. 数据、信息、知识与情报逻辑关系及转化模型[J]. 图书馆理论与实践,2016,204(10):49-52 +57.

[51] 郭雷风,钱学梁,陈桂鹏,等. 农业物联网应用现状及未来展望. 农业展望,2015(9):42-47.

[52] 郭志明,黄文倩,彭彦昆,等. 高光谱图像感兴趣区域对苹果糖度模型的影响[J]. 现代食品科技,2014,30(08):59-63 +75.

[53] 韩晶. 基于 NSCT 和 NSST 的遥感图像增强算法研究[D]. 乌鲁木齐:新疆大学, 2018.

[54] 韩仲志,邓立苗,徐艳,等. 基于图像处理的胡萝卜青头须根与开裂的检测方法[J]. 农业工程学报,2013,29(9):16-170.

[55] 何海涛. 高分辨率遥感影像的几何校正方法研究[D]. 武汉:华中科技大学, 2015.

[56] 洪勇豪,亓郑男,张丽丽. 遥感大数据在水利中的应用及发展[J]. 水利信息化,2019(03):25-31.

[57] 胡林瑶. 基于加权最小二乘的 GNSS 定位解算及精度分析[D]. 北京:中国民航大学,2018.

[58] 黄明源,李超. 多源遥感数据影像融合的方法浅析[J]. 西部探矿工程,2018,30(12):103-104.

[59] 霍成福,胡永祥,冀春晓,等. 山西省气象卫星遥感监测信息系统[J]. 山西气象,1997,41(4):19-22.

[60] 姬长英. 农业生产过程智能化的发展与展望[J]. 农业机械学报, 1999,30(1):106-110.

[61] 贾海. 遥感技术在水文水资源领域中的应用与发展前景[J]. 湖南水利水电,2017(02):48-49.

[62] 贾伟宽,赵德安,刘晓洋,等. 机器人采摘苹果的 K-means 和 GA-RBF-LMS 神经网络识别[J]. 农业工程学报,2015,31(18):175-183.

[63] 江涛. 试析现代遥感技术在地质勘查中的应用及发展前景[J]. 科技资讯,2015(15):71.

[64] 姜琳. 基于区域分割与合并的机器人多级环境建模研究与实现 [D]. 沈阳:沈阳工沈阳业大学,2006.

[65] 邝辉宇,吴俊君. 基于深度学习的图像语义分割技术研究综述[J]. 计算机工程与应用,2019,55(19):17-26 +47.

[66] 兰巨生. 农业系统的属性和经营原则[J]. 河北农学报,1983,8(202):3-8.

[67] 李道亮,杨昊. 农业物联网技术研究进展与发展趋势分析[J]. 中国农业文摘-农业工程,2018,30(02):5-14.

[68] 李道亮. 农业 4.0:即将到来的智能农业时代[J]. 农学学报, 2018,8(1):215-222.

[69] 李道亮. 物联网与智慧农业[J]. 农业工程,2012,2(1):1-7.

[70] 李德仁,张良培,夏桂松. 遥感大数据自动分析与数据挖掘[J]. 测绘学报,2014,43(12):1211-1216.

[71] 李海峰,郭科. 对地观测技术的发展历史、现状及应用[J]. 测绘科学,2010,35(6):262-264.

[72] 李钧涛,杨瑞峰,左红亮. 统计机器学习研究[J]. 河南师范大学学报(自然科学版), 2010,38(6):35-40.

[73] 李林阳,张友阳,李滨,等. 海量 GNSS 数据分布式存储与计算方法[J]. 导航定位学报,2015,3(04):62-68.

[74] 李茗萱,张漫,孟庆宽,等. 基于扫描滤波的农机具视觉导航基准线快速检测方法[J]. 农业工程学报,2013,29(1):41-48.

[75] 李喜先. 知识:起源、定义及特性[J]. 科学,2014,66(03):4 +16-19.

[76] 李振举,李学军,刘涛,等. 遥感云计算:研究现状与展望[J]. 装备学院学报,2015,26(05):95-100.

[77] 林婉玲,方平平,肖长洪,等. 遥感技术在精确农业中的应用[J]. 安徽农学通报(上半月刊),2013,19(05):91-92.

[78] 刘璐. 基于大数据的智慧农业发展研究[J]. 农村经济与科技,2019,30(10):280-281.

[79] 刘威. 基于多类特征深度学习的高分辨率遥感影像分类[D]. 北京:北京建筑大学,2019.

[80] 刘现,郑回勇,施能强,等. 人工智能在农业生产中的应用进展[J]. 福建农业学报,2013,28(6):609-614.

[81] 刘小丹,杨桑. 基于蓝噪声理论的遥感图像森林植被纹理测量[J]. 国土资源遥感,2015,27(2):69-74.

[82] 刘晓光,胡静涛,白晓平,等. 插秧机多传感器组合导航方法研究[J]. 农机化研究,2014(05).

[83] 刘雪丽,付友生,刘丹,等. 遥感技术在农业中的应用[J]. 现代化农业,2018(10):67-68.

[84] 刘艳亮,张海平,徐彦田,等. 全球卫星导航系统的现状与进展[J]. 导航定位学报,2019,7(1):18-21,27.

[85] 陆锋,邹湘军,熊俊涛,等. 自然环境下葡萄采摘机器人采摘点的自动定位[J]. 农业工程学报,2015,31(2):14-22.

[86] 罗承成,李书琴,唐晶磊. 基于多示例学习的超市农产品图像识别[J]. 计算机应用,2012,32(06):1560-1562 +1566.

[87] 闾国年. 地理信息系统集成原理与方法[M]. 北京:科学出版社,2003.

[88] 马均,孙永健,苟永成,等. 杂交稻钵形毯状育秧机插不同播种密度与秧龄研究[J]. 中国稻米,2011,17(3):11-14.

[89] 马本学,高国刚,王宝,等. 基于双树复小波变换和领域操作的哈密瓜纹理提取[J]. 农业机械学报,2014,45(12):316-320.

[90] 毛竞,关欣. 我国数字农业发展现状与发展趋势[J]. 广东农业科学,2007,(12):126-128.

[91] 沈建辉,邵文娟,张祖建. 苗床落谷密度、施肥量和秧龄对机插稻苗质及大田产量的影响[J]. 作物学报,2006,32(3):402-409.

[92] 缪建平. 看懂农业物联网的未来[J]. 农业工程技术,2017,37(672):24 +46-47.

[93] 庞丽峰,黄水生,唐小明,等. 全球导航卫星系统在我国林业中的应用[J]. 世界林业研究,2019,32(5):1-7.

[94] 曲昆鹏. 基于支持向量机的杂草识别研究[D]. 哈尔滨:哈尔滨工程大学,2010.

[95] 任东. 基于支持向量机的植物病害识别研究[D]. 长春:吉林大学,2007.

[96] 沈一筹,苗中华. 基于图像处理的插秧机器人软件系统设计[J]. 工业控制计算机,2016(12):8-9.

[97] 史众. 决策树算法在土壤肥力划分中的应用[D]. 北京:首都师范大学,2012.

[98] 史舟,梁宗正,杨媛媛,等. 农业遥感研究现状与展望[J]. 农业机械学报,2015,46(02):247-260.

[99] 孔午圆,郑华斌,刘建霞,等. 水稻机插秧及育秧技术研究进展[J]. 作物研究,2014,28(06):192-196.

[100] 宋健,王凯,张晓琛. 茄子采摘机器人目标识别与测距方法[J]. 2015,34(09):70-73.
[101] 孙问娟,李新举. 基于决策树分类的济宁市土壤有机碳遥感反演[J]. 山东农业科学,2018,50(4):133-137.
[102] 孙颖. 物联网工程导论[M]. 沈阳:东北大学出版社,2014.
[103] 孙忠富,杜克明. 大数据在智慧农业中研究与应用展望[J]. 中国农业科技导报,2013,15(6):63-71.
[104] 谭穗研,马旭,吴露露,等. 基于机器视觉和BP神经网络的超级杂交稻穴播量检测[J]. 农业工程学报,2014,30(21):201-206.
[105] 唐华俊. 农业遥感研究进展与展望[J]. 农学学报,2018,8(01):167-171.
[106] 唐世浩,朱启疆. 关于数字农业基本构想[J]. 农业现代化研究,2002,23(3):183-187.
[107] 滕红英,王启增,赵博,等. 插秧机视觉导航系统研究[J]. 农业机械,2011,21:80-81.
[108] 佟彩,吴秋兰,刘琛,等. 基于3S技术的智慧农业研究进展[J]. 山东农业大学学报(自然科学版),2015,46(06):856-860.
[109] 童庆禧,孟庆岩,杨杭. 遥感技术发展历程与未来展望[J]. 城市与减灾,2018(06):2-11.
[110] 谢晓蔚. 基于深度学习的图像语义分割算法研究 [D]. 太原:太原理工大学,2019.
[111] 王璨,武新慧,李志伟. 基于卷积神经网络提取多尺度分层特征识别玉米杂草[J]. 农业工程学报,2018,34(05):144-151.
[112] 王树文,张长利. 基于图像处理技术的黄瓜叶片病害识别诊断系统研究[J]. 东北农业大学学报,2012,43(5):69-73.
[113] 王文生,郭雷风. 农业大数据及其应用展望[J]. 江苏农业科学,2015,43(9):1-5.
[114] 王兴国. 基于决策树的棉花病虫害识别研究[D]. 郑州:华北水利水电大学,2017.
[115] 文燕. 基于Hadoop农业大数据管理平台的设计[J]. 计算机系统应用,2017(5).
[116] 巫光聪,胡忠文,张谦,等. 结合光谱、纹理与形状结果信息的遥感影像分割方法[J]. 测绘学报,2013,42(1):44-50.
[117] 吴海东. 高速插秧机插植部水平智能控制系统设计[J]. 微特电机, 2014(06):67-69.
[118] 肖英奎,李永强,谢龙,等. 新型具有力感知的柔性果蔬采摘机械手研究[J]. 农机化研究,2017,39(10):133-136.
[119] 辛霄. 基于贝叶斯支持向量机的粮食产量预测的研究[D]. 北京:首都师范大学,2012.
[120] 熊宇鹏,毛罕平,左志宇,等. 基于数字图像处理的凤梨花卉品质参数监测的研究[J]. 农机化研究,2013(09):13-168.
[121] 徐贵力,毛罕平,李萍萍. 缺素叶片彩色图像颜色特征提取的研究[J]. 农业工程学报,2002,18(4):150-155.
[122] 闫友彪,陈元琰. 机器学习的主要策略综述[J]. 计算机应用研究, 2004, 21(7):4-10.
[123] 杨晋丹,杨涛,苗腾,等. 基于卷积神经网络的草莓叶部白粉病病害识别[J]. 江苏农业学报,2018,34(03):527-532.
[124] 杨丽新. GNSS快速选星算法及测距码应用研究[D]. 北京:中国科学院大学(中国科学院国家空间科学中心),2017.
[125] 贠敏. 让种田精准高效:卫星导航技术在精准农业中的应用[J]. 卫星应用,2015(06):19-23.
[126] 原民辉,刘韬. 国外空间对地观测系统最新发展[J]. 国际太空,2017(1):22-29.
[127] 詹文田,何东健,史世莲. 基于 Adaboost 算法的田间猕猴桃识别方法[J]. 农业工程学报,

2013,29(23):140-145.

[128] 张卫星,朱德峰,林贤青,等. 不同播量及育秧基质对机插水稻秧苗素质的影响[J]. 扬州大学学报(农业与生命科学版),2007,28(1):45-48.

[129] 张兵. 遥感大数据时代与智能信息提取[J]. 武汉大学学报(信息科学版),2018,43(12):1861-1871.

[130] 张继梅. 我国智慧农业的发展路径及保障[J]. 改革与战略,2017,33(7):104-107.

[131] 张立峰. 农业生产力与农业生产系统结构关系的讨论[J]. 中国生态农业学报,2010,18(04):880-883.

[132] 张润,王永滨. 机器学习及其算法和发展研究[J]. 中国传媒大学学报(自然科学版),2016,23(2):10-18.

[133] 张智刚,罗锡文,周志艳,等. 久保田插秧机的GPS导航控制系统设计[J]. 农业机械学报,2006(07):95-97+82.

[134] 赵春江. 农业遥感研究与应用进展[J]. 农业机械学报,2014,45(12):277-293.

[135] 赵金英,张铁中,杨丽. 西红柿采摘机器人视觉系统的目标提取[J]. 农业机械学报,2006,37(10):200-203.

[136] 赵丽娜. 农业物联网技术应用及发展探究[J]. 信息记录材料,2019,20(01):106-107.

[137] 郑可锋,祝利莉. 数字农业技术研究进展[J]. 浙江农业学报,2005,17(3):170-176.

[138] 李玉林,崔振德,张园,等. 中国农业机器人的应用及发展现状[J]. 热带农业工程,2014(04):33-36.

[139] 中国信通院. 人工智能在农业领域融合应用的现状与思考[EB/OL]. http://www.qianjia.com/html/2019-01/07_319328.html.

[140] 周国明. 数字农业综述[J]. 农业图书情报学刊,2004,15(3):5-6.

[141] 周俊,刘成良,姬长英. 农业机器人视觉导航的预测跟踪控制方法研究[J]. 农业工程学报,2004,20(6):106-110.

[142] 周清波,吴文斌. 数字农业研究现状和发展趋势分析[J]. 中国农业信息,2018,30(1):1-9.